4

2015-2016

ALAIN PILLET

NOMBRES COMPLEXES

Rien de plus facile !

Déchire tout sans être un fayot !!!

et sans perdre ton temps ...

TERM. S

MATHS

SAVOIR

TRAINING

INTÉRRO

EXOS ANNALES BAC

PREMIUM ÉDITEUR

Ex trader sur options CAC 40 et Notionnel, **Alain Piller** est l'auteur d'une multitude d'ouvrages.

A l'Université de Paris **DAUPHINE**, en Mathématiques, Statistique, Microéconomie, Macroéconomie et Finance de Marché pendant plus de 10 ans, **Alain Piller** a formé de nombreux étudiants qui ont eu, par la suite, un parcours professionnel brillant. Il partage aujourd'hui son temps entre les marchés boursiers et l'enseignement.

Du même auteur chez Premium Éditeur,

Pour Term. S :

- **PRIMITIVES,INTÉGRALES**
- **SUITES**
- **NOMBRES COMPLEXES**
- **DERIVÉES,LIMITES**
- **PROBAS DISCRÈTES**
- **PROBAS À DENSITÉ**
- ...
- ...
- ...
- ...

Pour L1, L2, L3 Éco-Gestion :

- **STATISTIQUE I** (3e éd.)
- **STATISTIQUE II** (2e éd.)
- **PROBABILITÉS** (7e éd.)
- **STATISTIQUE DESCRIPTIVE** (7e éd.)
- **ANALYSE I** (7e éd.)
- **ANALYSE II** (2e éd.)
- **ALGÈBRE LINÉAIRE** (9e éd.)
- **MICROÉCONOMIE** (12e éd.)
- **MACROÉCONOMIE I** (4e éd.)
- **MACROÉCONOMIE II** (2e éd.)

PREMIUM ÉDITEUR
33, rue Galilée
75116 PARIS

www.alainpiller.fr

SOMMAIRE

SAVOIR

I A Définition de l'ensemble $\mathbb{C}$ des nombres complexes :

L'ensemble $\mathbb{C}$ des nombres complexes est un corps.

Nous avons : $\mathbb{C} = \{z = a + ib / a \in \mathbb{R}, b \in \mathbb{R}, i^2 = -1\}$.

Exemples : $z_1 = 2 + 3i$, $z_2 = -1 + i$, $z_3 = -6i$.

B Vocabulaire :

1 $z = a + ib$ correspond à la **forme algébrique** de z.

2 $a = Re(z)$ est la **partie réelle** de z.

3 $b = Im(z)$ est la **partie imaginaire** de z.

4 **z est réel $\Leftrightarrow Im(z) = 0 \Leftrightarrow b = 0 \Leftrightarrow z = a$.**

5 **z est imaginaire pur $\Leftrightarrow Re(z) = 0 \Leftrightarrow a = 0 \Leftrightarrow z = ib, b \neq 0$.**

C Propriétés de la forme algébrique :

ⓐ. Soient z_1 et z_2 deux nombres complexes, avec $z_1 = a_1 + ib_1$ et $z_2 = a_2 + ib_2$.

Dans ces conditions, $z_1 = z_2$ si et seulement si $a_1 = a_2$ et $b_1 = b_2$.

ⓑ. Soient z_1 et z_2 deux nombres complexes, avec $z_1 = a_1 + ib_1$ et $z_2 = a_2 + ib_2$.

Dans ces conditions, $z_1 + z_2 = (a_1 + a_2) + i(b_1 + b_2)$.

ⓒ. Soient z_1 et z_2 deux nombres complexes, avec $z_1 = a_1 + ib_1$ et $z_2 = a_2 + ib_2$.

Dans ces conditions, $z_1 \times z_2 = (a_1a_2 - b_1b_2) + i(a_1b_2 + b_1a_2)$ car $i^2 = -1$.

ⓓ. Soit $z = i$, un nombre complexe, nous avons :

$z_2 = i^2 = -1, z_3 = -i$ et $z_4 = 1$.

ⓔ. Soit $z = a + ib$, nous avons : $(a + ib)(a - ib) = a^2 + b^2$.

II A Définition de la notion de nombre complexe conjugué :

Si $z = a + ib$, z étant un nombre complexe, on appelle **conjugué** de z le nombre complexe : $\bar{z} = \boldsymbol{a - ib}$.

Exemples : ▪ si $z_1 = 2 + 3i$, $\overline{z_1} = 2 - 3i$;

▪ si $z_2 = 2 + 4i$, $\overline{z_2} = 2 - 4i$;

▪ si $z_3 = 3$, $\overline{z_3} = 3$.

B Propriétés des nombres complexes conjugués :

ⓐ. Soit z un nombre complexe, $\bar{\bar{z}} = z$.

ⓑ. Soient z_1 et z_2 deux nombres complexes, avec $z_1 = a_1 + ib_1$ et $z_2 = a_2 + ib_2$.

Dans ces conditions : $\overline{z_1} = \overline{z_2}$ si et seulement si $a_1 = a_2$ et $b_1 = b_2$.

ⓒ. Soit z un nombre complexe, $z + \bar{z} = 2a$ (avec $z = a + ib$).

ⓓ. Soit z un nombre complexe, $z - \bar{z} = 2ib$ (avec $z = a + ib$).

ⓔ. Soit z un nombre complexe, $z\bar{z} = a^2 + b^2$ (avec $z = a + ib$).

ⓕ. Soient z_1 et z_2 deux nombres complexes, $\overline{z_1 + z_2} = \overline{z_1} + \overline{z_2}$.

ⓖ. Soient z_1 et z_2 deux nombres complexes, $\overline{z_1 z_2} = \overline{z_1}\,\overline{z_2}$.

ⓗ. Soient z un nombre complexe imaginaire pur c'est-à-dire $z = ib$, alors : $z + \bar{z} = 0$.

ⓘ. Soit $z \in \mathbb{R}$, cad $z = a$, alors : $z = \bar{z} \Leftrightarrow z - \bar{z} = 0$.

ⓙ. Soit z un nombre complexe : $\boldsymbol{z + \bar{z} = 2Re(z)}$ et $\boldsymbol{z - \bar{z} = 2i\, Im(z)}$.

ⓚ. Soit z_1 et z_2 deux nombres complexes : $\overline{\left(\frac{z_1}{z_2}\right)} = \frac{\bar{z}_1}{\bar{z}_2}$.

Ⓛ. Soit z un nombre complexe : $\overline{(z^n)} = (\bar{z})^n$.

III A Représentation géométrique d'un nombre complexe :

Dans le plan $\mathbb{R}^2$, si M est le point de coordonnées a et b respectivement sur $(1, 0)$ et $(0, 1)$ alors :

- le point $M(a, b)$ est l'image du nombre complexe $z = a + ib$;
- le nombre complexe $z = a + ib$ est appelé l'affixe du point M ;
- graphiquement, nous avons :

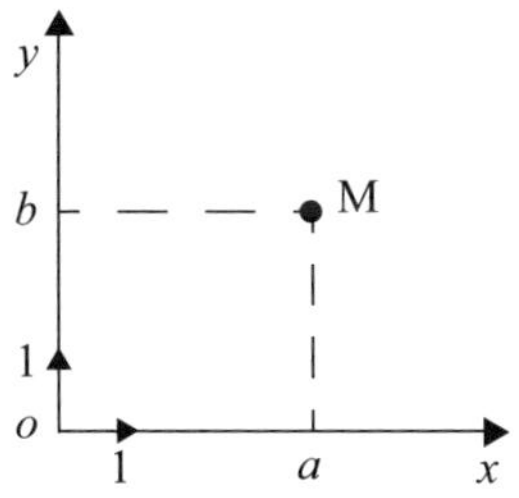

On note : $\boldsymbol{M(z)}$.

B Exemple :

Soit $z = 2 + 3i$, faisons une représentation géométrique de ce nombre complexe :

Pour cela, il suffit de placer le point M, c'est-à-dire l'image du nombre complexe $z = 2 + 3i$ sachant que M a pour coordonnées 2 et 3 sur (1,0) et (0,1) : $M(2, 3)$.

Représentation géométrique :

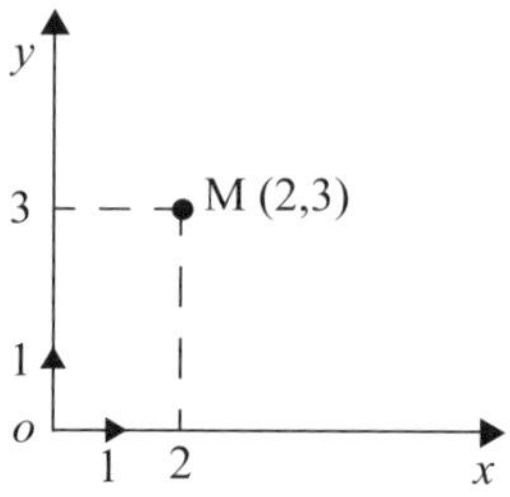

C Théorème :

Si z_A et z_B, sont les affixes des points A et B dans un repère orthonormé, alors l'affixe du vecteur $\overrightarrow{AB}$ est : $z_B - z_A$.

On note : $\overrightarrow{\boldsymbol{AB}}(z_B - z_A)$.

D Propriétés :

1 Soient $\vec{u}$ et $\vec{v}$ deux vecteurs ayant pour affixes respectifs z et z' : $\vec{u}(z)$ et $\vec{v}(z')$.

Dans ces conditions :

ⓐ. $\vec{u} = \vec{v} \Leftrightarrow z = z'$.

ⓑ. $\vec{u} + \vec{v}$ a pour affixe $z + z'$: $\vec{u} + \vec{v}(z + z')$.

2 Si I est le milieu du segment $[AB]$, alors : $z_I = \dfrac{z_A + z_B}{2}$.

IV A Ecriture d'un nombre complexe sous forme trigonométrique :

Soient $z = a + ib$ un nombre complexe écrit sous forme algébrique, ρ son module et θ son argument.

Sous forme trigonométrique z s'écrit :

$$z = \rho(\cos\theta + i\sin\theta)$$
ou : $$z = \rho e^{i\theta}$$
ou : $$z = [\rho, \theta]$$

B Module "ρ" ou "r" :

On appelle **module** de z, et on note $|z|$, le réel positif ou nul : $|z| = \sqrt{a^2 + b^2}$, avec $z = a + ib$.

On note : $\rho = \sqrt{a^2 + b^2}$ ou $r = \sqrt{a^2 + b^2}$.

Exemples : ▪ Si $z_1 = 1 + i$, $|z_1| = \sqrt{2}$;

▪ Si $z_2 = 1 - i$, $|z_2| = \sqrt{2}$;

▪ Si $z_3 = 1 - \sqrt{3} \cdot i$, $|z_3| = 2$.

C Argument "θ" :

1 Définition:

On appelle argument de z, et on note $\operatorname{Arg}(z)$ ou θ, l'angle des demi-droites orientées $(\overrightarrow{Ox}, \overrightarrow{OM})$, exprimé en radians et défini à $2k\pi$ près ($k \in \mathbb{Z}$).

On note : $\theta = \mathbf{arg}(z)[2\pi]$.

2 Propriétés :

Soient z_1 et z_2 deux nombres complexes écrits sous forme trigonométrique :

$$z_1 = [\rho_1, \theta_1] \text{ et } z_2 = [\rho_2, \theta_2].$$

ⓐ. $z_1 = z_2$ si et seulement si $\rho_1 = \rho_2$ et $\theta_1 = \theta_2 + 2k\pi, k \in \mathbb{Z}$.

ⓑ. $z_1 \times z_2 = [\rho_1 \times \rho_2, \theta_1 + \theta_2]$.

ⓒ. $\dfrac{z_1}{z_2} = \left[\dfrac{\rho_1}{\rho_2}, \theta_1 - \theta_2\right]$.

ⓓ. $\frac{1}{z_1} = \left[\frac{1}{\rho_1}, -\theta_1\right]$.

ⓔ. $z_1^n = [\rho_1^n, n\theta_1]$.

Il est bon de remarquer que cette dernière propriété porte le nom de la ***formule de Moivre*** que nous pouvons aussi écrire de la manière suivante :

$$\boxed{z_1^n = [\rho_1^n, n\theta_1] \Leftrightarrow z_1^n = \rho_1^n(\cos n\theta_1 + i\sin n\theta_1) \Leftrightarrow z_1^n = \rho_1^n e^{in\theta_1}}.$$

ou

ⓐ. $z_1 = z_2$ ssi $r_1 = r_2$ et $\theta_1 = \theta_2[2\pi]$.

ⓑ. $z_1 \times z_2 = (r_1 \times r_2)e^{i(\theta_1 + \theta_2)}$

$= (r_1 \times r_2)(\cos(\theta_1 + \theta_2) + i\sin(\theta_1 + \theta_2))$.

ⓒ. $\frac{z_1}{z_2} = \left(\frac{r_1}{r_2}\right)e^{i(\theta_1 - \theta_2)}$

$= \left(\frac{r_1}{r_2}\right)(\cos(\theta_1 - \theta_2) + i\sin(\theta_1 - \theta_2))$.

ⓓ. $\frac{1}{z_1} = \left(\frac{1}{r_1}\right)e^{-i\theta_1}$

$= \left(\frac{1}{r_1}\right)(\cos(-\theta_1) + i\sin(-\theta_1))$.

ⓔ. $z_1{}^n = (r_1{}^n)e^{in\theta_1}$

$= (r_1{}^n)(\cos(n\theta_1) + i\sin(n\theta_1))$.

ⓕ. $\forall\theta \in \mathbb{R} : \cos\theta = \frac{e^{i0} + e^{-i\theta}}{2}$ et $\sin\theta = \frac{e^{i\theta} - e^{-i\theta}}{2i}$.

D Formules trigonométriques :

VOIR RABAT

E Astuces :

1 Si on connaît r et θ :

Dans ces conditions : $a = r\cos(\theta)$ et $b = r\sin(\theta)$.

2 Si on connaît a et b :

Dans ces conditions, θ est tel que :

$$\cos(\theta) = \frac{a}{\sqrt{a^2 + b^2}} \text{ et } \sin(\theta) = \frac{b}{\sqrt{a^2 + b^2}}.$$

Ou : $\cos(\theta) = \frac{a}{r}$ et $\sin(\theta) = \frac{b}{r}$.

V Résolution dans $\mathbb{C}$ d'équations du second et troisième degrés :

Voir Training 4, page 39

VI Propriétés géométriques :

Soient quatre points $A(z_A), B(z_B), C(z_C), D(z_D)$.

Nous savons déjà que : $\overrightarrow{AB}(z_B - z_A)$.

A Démontrer le parallélisme :

- $\overrightarrow{AB} = \overrightarrow{CD} \Leftrightarrow z_{\overrightarrow{AB}} = z_{\overrightarrow{CD}}$,
- $$(AB)//(CD) \Leftrightarrow \arg\left(\frac{z_D - z_C}{z_B - z_A}\right) = 0[\pi]$$
  $$\Leftrightarrow \frac{z_D - z_C}{z_B - z_A} \in \mathbb{R}$$,

- A, B et C alignés $\Leftrightarrow \arg\left(\dfrac{z_C - z_A}{z_B - z_A}\right) = 0[\pi]$

  $\Leftrightarrow \dfrac{z_C - z_A}{z_B - z_A} \in \mathbb{R}$.

B Démontrer l'orthogonalité :

- $(AB) \perp (CD)$

  $\Leftrightarrow \arg\left(\dfrac{z_D - z_C}{z_B - z_A}\right) = \dfrac{\pi}{2}[\pi]$

  $\Leftrightarrow \dfrac{z_D - z_C}{z_B - z_A}$ est un imaginaire pur,

- ABC triangle rectangle en A

  $\Leftrightarrow \arg\left(\dfrac{z_C - z_A}{z_B - z_A}\right) = \dfrac{\pi}{2}[\pi]$

  $\Leftrightarrow \dfrac{z_C - z_A}{z_B - z_A}$ est un imaginaire pur.

C Démontrer l'égalité de longueurs :

$$AB = CD \Leftrightarrow |z_B - z_A| = |z_D - z_C|.$$

D Déterminer l'angle de 2 vecteurs :

$$(\overrightarrow{AB}, \overrightarrow{CD}) = \arg\left(\frac{z_D - z_C}{z_B - z_A}\right).$$

E Démontrer un triangle équilatéral direct :

ABC est un triangle équilatéral direct ssi : $\dfrac{z_C - z_A}{z_B - z_A} = e^{i\pi/3}$.

TRAINING

TRAINING 1

A

Mettre sous la forme algébrique les nombres complexes suivants :

1 $z = (1+i)(1-i)$.

2 $z = \dfrac{1-i}{1+i}$.

3 $z = (1-i)(\sqrt{3}+3i)$.

4 $z = \dfrac{3+2i}{2+i}$.

5 $z = (1+2i)(2-3i)(2+i)(3-2i)$.

6 $z = \dfrac{5-3i}{3+4i} + \dfrac{1+2i}{2-i}$.

7 $z = \left(\dfrac{1-i}{1+i}\right)^2$.

8 $z = \left(\dfrac{2+i^5}{1+i^{15}}\right)^2$.

9 $z = (1+2i)^2 - 2 + 3i$.

CORRECTION

1 Écrivons $z = (1+i)(1-i)$ sous forme algébrique :

$z = (1+i)(1-i) \Leftrightarrow z = 1 - i + i - i^2 \Rightarrow z = 2$.

Au total : $\boxed{z = 2}$.

2 Écrivons $z = (1-i)/(1+i)$ sous forme algébrique :

$$z = \frac{1-i}{1+i} \Leftrightarrow z = \frac{(1-i)(1-i)}{(1+i)(1-i)} \Leftrightarrow z = \frac{1-i-i+i^2}{2} \Rightarrow z = -i.$$

Au total : $\boxed{z = -i}$.

3 Écrivons $z = (1-i)(\sqrt{3}+3i)$ sous forme algébrique :

$z = (1-i)(\sqrt{3}+3i) \Leftrightarrow z = (\sqrt{3}+3) + i(3-\sqrt{3})$.

Au total : $\boxed{z = (\sqrt{3}+3) + i(3-\sqrt{3})}$.

4 Écrivons $z = (3+2i)/(2+i)$ sous forme algébrique :

$$z = \frac{3+2i}{2+i} \Leftrightarrow z = \frac{(3+2i)(2-i)}{(2+i)(2-i)} \Leftrightarrow z = \frac{6-3i+4i+2}{5} \Rightarrow z = \frac{8+i}{5}.$$

Au total : $\boxed{z = \left(\frac{8}{5}\right) + \left(\frac{1}{5}\right)i}$.

5 Écrivons $z = (1+2i)(2-3i)(2+i)(3-2i)$ sous forme algébrique :

$z = (1+2i)(2-3i)(2+i)(3-2i) \Leftrightarrow z = (2-3i+4i+6)(6-4i+3i+2)$ (1)

(1) $\Leftrightarrow z = (8+i)(8-i) \Rightarrow z = 65$.

Au total : $\boxed{z = 65}$.

6 Écrivons $z = [(5-3i)/(3+4i)] + [(1+2i)/(2-i)]$ sous forme algébrique :

$$z = \frac{5-3i}{3+4i} + \frac{1+2i}{2-i} \Leftrightarrow z = \frac{(5-3i)(3-4i)}{(3+4i)(3-4i)} + \frac{(1+2i)(2+i)}{(2-i)(2+i)} \quad (1)$$

$$(1) \quad \Leftrightarrow \frac{(15-20i-9i-12)}{25} + \frac{(2+i+4i-2)}{5} \quad (2)$$

$$(2) \quad \Leftrightarrow \frac{3-29i}{25} + i \Rightarrow z = \frac{3-4i}{25}.$$

Au total : $\boxed{z = \left(\frac{3}{25}\right) + i\left(\frac{-4}{25}\right)}$.

7 Écrivons $z = [(1-i)/(1+i)]^2$ sous forme algébrique :

$$z = \left(\frac{1-i}{1+i}\right)^2 \Leftrightarrow z = \frac{(1-i)^2}{(1+i)^2} \Leftrightarrow z = \frac{1-1-2i}{1-1+2i} \Rightarrow z = -1.$$

Au total : $\boxed{z = -1}$.

8 Écrivons $z = [(2+i^5)/(1+i^{15})]^2$ **sous forme algébrique** :

$$z = \left(\frac{2+i^5}{1+i^{15}}\right) \Leftrightarrow z = \left(\frac{2+i}{1-i}\right)^2 \Leftrightarrow z = \frac{(2+i)^2}{(1-i)^2} \;(1)$$

$$(1) \Leftrightarrow z = \frac{4-1+4i}{1-1-21} \Leftrightarrow z = \frac{3+4i}{-2i} \;(2)$$

$$(2) \Leftrightarrow z = \frac{(3+4i)(2i)}{(-2i)(2i)} \Leftrightarrow z = \frac{6i-8}{4} \Rightarrow z = -2+\frac{3}{2}i.$$

Au total : $\boxed{z = (-2) + \left(\frac{3}{2}\right)i}$.

9 Écrivons $z = (1+2i)^2 - 2 + 3i$ **sous forme algébrique** :

$$z = (1+2i)^2 - 2 + 3i \Leftrightarrow z = 1 - 4 + 4i - 2 + 3i \Leftrightarrow z = -5 + 7i.$$

Au total : $\boxed{z = (-5) + (7)i}$.

B

Quels sont les nombres complexes conjugués de :

ⓐ. $z_1 = 2 + 3i$,

ⓑ. $z_2 = 2 - 4i$,

ⓒ. $z_3 = 3$?

CORRECTION

Donnons les nombres complexes conjugués de z_1, z_2 **et** z_3 :

ⓐ. $z_1 = 2 + 3i \Rightarrow \boxed{\overline{z_1} = 2 - 3i}$.

ⓑ. $z_2 = 2 - 4i \Rightarrow \boxed{\overline{z_2} = 2 + 4i}$.

ⓒ. $z_3 = 3 \Rightarrow \boxed{\overline{z_3} = 3}$.

C

Calculer le module des nombres complexes suivants :

ⓐ. $z = 1 + i$.

ⓑ. $z = 1 - i$.

ⓒ. $z = -1 + i$.

ⓓ. $z = \frac{8}{5} + \frac{1}{5}i$.

ⓔ. $z = 1 - \sqrt{3}i$.

ⓕ. $z = \frac{\sqrt{3}}{4} + \frac{3}{4}i$.

CORRECTION

Calculons le module des nombres complexes suivants :

ⓐ. $z = 1 + i \Rightarrow \boxed{|z| = \sqrt{2} \Leftrightarrow \rho = \sqrt{2}}$.

ⓑ. $z = 1 - i \Rightarrow \boxed{|z| = \sqrt{2} \Leftrightarrow \rho = \sqrt{2}}$.

ⓒ. $z = -1 + i \Rightarrow \boxed{|z| = \sqrt{2} \Leftrightarrow \rho = \sqrt{2}}$.

ⓓ. $z = \frac{8}{5} + \frac{1}{5}i \Rightarrow \boxed{|z| = \frac{\sqrt{65}}{5} \Leftrightarrow \rho = \frac{\sqrt{65}}{5}}$.

ⓔ. $z = 1 - \sqrt{3}i \Rightarrow \boxed{|z| = 2 \Leftrightarrow \rho = 2}$.

ⓕ. $z = \frac{\sqrt{3}}{4} + \frac{3}{4}i \Rightarrow \boxed{|z| = \frac{\sqrt{12}}{4} \Leftrightarrow \rho = \frac{\sqrt{12}}{4}}$.

TRAINING 2

A

Écrire sous forme trigonométrique les nombres complexes :

1 $z = 1 + i$.

2 $z = \frac{1}{2} - \frac{\sqrt{3}}{2}i$.

3 $z = \frac{1 - i}{1 + i}$.

4 $z = 1 - \sqrt{3}i$.

5 $z = 1 + \frac{1}{\sqrt{3}}i$.

6 $z = \dfrac{1 + \frac{1}{\sqrt{3}}i}{1 - \sqrt{3}i}$.

7 $z = \sqrt{3} + 3i$.

8 $z = (1 - i)(\sqrt{3} + 3i)$.

9 $z = \left(\frac{1}{2} - \frac{\sqrt{3}}{2}i\right)^3$.

10 $z = \frac{(1 + i)^5}{(1 - i)^3}$.

11 $z = (1 + i)^8(1 - \sqrt{3}i)^{-6}$.

12 $z = -1 + \sqrt{3}i$.

CORRECTION

1 Écrivons sous forme trigonométrique $z = 1 + i$:

Le module de z est : $\rho = \sqrt{2}$.

Dans ces conditions : $z = \sqrt{2}(\cos\theta + i\sin\theta)$.

Or : $z = 1 + i$.

D'où : $\begin{cases} 1 = \sqrt{2}\cos\theta \\ 1 = \sqrt{2}\sin\theta \end{cases} \Leftrightarrow \begin{cases} \cos\theta = \dfrac{\sqrt{2}}{2} \\ \sin\theta = \dfrac{\sqrt{2}}{2} \end{cases} \Rightarrow \theta = \dfrac{\pi}{4} + 2k\pi, k \in \mathbb{Z}$.

Au total : $\boxed{z = \left[\sqrt{2}, \frac{\pi}{4}\right] \Leftrightarrow z = \sqrt{2}\left(\cos\frac{\pi}{4} + i\sin\frac{\pi}{4}\right) \Leftrightarrow z = \sqrt{2}e^{i\frac{\pi}{4}}}$.

2 Écrivons sous forme trigonométrique $z = \frac{1}{2} - \frac{\sqrt{3}}{2}i$:

Le module de z est : $\rho = 1$.

Dans ces conditions : $z = 1(\cos\theta + i\sin\theta)$.

Or : $z = \dfrac{1}{2} - \dfrac{\sqrt{3}}{2}i$.

D'où : $\begin{cases} \dfrac{1}{2} = \cos\theta \\ -\dfrac{\sqrt{3}}{2} = \sin\theta \end{cases} \Rightarrow \theta = -\dfrac{\pi}{3} + 2k\pi, k \in \mathbb{Z}$.

Au total : $\boxed{z = \left[1, -\frac{\pi}{3}\right] \Leftrightarrow z = 1\left(\cos\left(-\frac{\pi}{3}\right) + i\sin\left(-\frac{\pi}{3}\right)\right) \Leftrightarrow z = 1e^{-i\frac{\pi}{3}}}$.

3 Écrivons sous forme trigonométrique $z = (1 - i)/(1 + i)$:

- Le module de $1 - i$ est : $\rho_1 = \sqrt{2}$.

Dans ces conditions : $(1 - i) = \sqrt{2}(\cos\theta_1 + i\sin\theta_1)$.

D'où : $\begin{cases} 1 = \sqrt{2}\cos\theta_1 \\ -1 = \sqrt{2}\sin\theta_1 \end{cases} \Leftrightarrow \begin{cases} \cos\theta_1 = \dfrac{\sqrt{2}}{2} \\ \sin\theta_1 = \dfrac{-\sqrt{2}}{2} \end{cases} \Rightarrow \theta_1 = -\dfrac{\pi}{4} + 2k\pi, k \in \mathbb{Z}.$

D'où : $\boxed{(\mathbf{1} - i) = \left[\sqrt{2}, -\frac{\pi}{4}\right]}$.

- De plus, le module de $(1 + i)$ est : $\rho_2 = \sqrt{2}$.

Dans ces conditions : $(1 + i) = \sqrt{2}(\cos\theta_2 + i\sin\theta_2)$.

D'où : $\begin{cases} 1 = \sqrt{2}\cos\theta_2 \\ 1 = \sqrt{2}\sin\theta_2 \end{cases} \Leftrightarrow \begin{cases} \cos\theta_2 = \dfrac{\sqrt{2}}{2} \\ \sin\theta_2 = \dfrac{\sqrt{2}}{2} \end{cases} \Rightarrow \theta_2 = \dfrac{\pi}{4} + 2k\pi, k \in \mathbb{Z}.$

D'où : $\boxed{(\mathbf{1} + i) = \left[\sqrt{2}, \frac{\pi}{4}\right]}$.

- Par conséquent : $z = \dfrac{\left[\sqrt{2}, -\frac{\pi}{4}\right]}{\left[\sqrt{2}, \frac{\pi}{4}\right]} \Rightarrow z = \left[1, -\frac{\pi}{2}\right]$.

Au total : $\boxed{z = \left[1, -\frac{\pi}{2}\right] \Leftrightarrow z = 1\left(\cos\left(-\frac{\pi}{2}\right) + i\sin\left(-\frac{\pi}{2}\right)\right) \Leftrightarrow z = 1e^{-i\frac{\pi}{2}}}$.

4 Écrivons sous forme trigonométrique $z = 1 - \sqrt{3}i$:

Le module de z est : $\rho = 2$.

Dans ces conditions : $z = 2(\cos\theta + i\sin\theta)$.

Or : $z = 1 - \sqrt{3}i$.

D'où : $\begin{cases} 1 = 2\cos\theta \\ -\sqrt{3} = 2\sin\theta \end{cases} \Leftrightarrow \begin{cases} \cos\theta = \dfrac{1}{2} \\ \sin\theta = -\dfrac{\sqrt{3}}{2} \end{cases} \Rightarrow \theta = -\dfrac{\pi}{3} + 2k\pi, k \in \mathbb{Z}$.

Au total : $\boxed{z = \left[2, -\frac{\pi}{3}\right] \Leftrightarrow z = 2\left(\cos\left(-\frac{\pi}{3}\right) + i\sin\left(-\frac{\pi}{3}\right)\right) \Leftrightarrow z = 2e^{-i\frac{\pi}{3}}}$.

5 Écrivons sous forme trigonométrique $z = 1 + \dfrac{1}{\sqrt{3}}i$:

Le module de z est : $\rho = \dfrac{2}{\sqrt{3}}$.

Dans ces conditions : $z = \dfrac{2}{\sqrt{3}}(\cos\theta + i\sin\theta)$.

Or : $z = 1 + \dfrac{1}{\sqrt{3}}i$.

D'où : $\begin{cases} 1 = \dfrac{2}{\sqrt{3}}\cos\theta \\ \dfrac{1}{\sqrt{3}} = \dfrac{2}{\sqrt{3}}\sin\theta \end{cases} \Leftrightarrow \begin{cases} \cos\theta = \dfrac{\sqrt{3}}{2} \\ \sin\theta = \dfrac{1}{2} \end{cases} \Rightarrow \theta = \dfrac{\pi}{6} + 2k\pi, k \in \mathbb{Z}$.

Au total : $\boxed{z = \left[\frac{2}{\sqrt{3}}, \frac{\pi}{6}\right] \Leftrightarrow z = \frac{2}{\sqrt{3}}\left(\cos\frac{\pi}{6} + i\sin\frac{\pi}{6}\right) \Leftrightarrow z = \frac{2}{\sqrt{3}}e^{i\frac{\pi}{6}}}$.

6 Écrivons sous forme trigonométrique $z = \left(1 + \dfrac{1}{\sqrt{3}}i\right)/(1 - \sqrt{3}i)$:

Nous savons déjà que :
- $1 + \dfrac{1}{\sqrt{3}}i = \left[\dfrac{2}{\sqrt{3}}, \dfrac{\pi}{6}\right]$,
- $(1 - \sqrt{3}i) = \left[2, -\dfrac{\pi}{3}\right]$.

Dans ces conditions : $z = \dfrac{\left[\frac{2}{\sqrt{3}}, \frac{\pi}{6}\right]}{\left[2, -\frac{\pi}{3}\right]} \Rightarrow z = \left[\frac{1}{\sqrt{3}}, \frac{\pi}{2}\right]$.

Au total : $\boxed{z = \left[\frac{1}{\sqrt{3}}, \frac{\pi}{2}\right] \Leftrightarrow z = \frac{1}{\sqrt{3}}\left(\cos\frac{\pi}{2} + i\sin\frac{\pi}{2}\right) \Leftrightarrow z = \frac{1}{\sqrt{3}}e^{i\frac{\pi}{2}}}$.

7 Écrivons sous forme trigonométrique $z = \sqrt{3} + 3i$:

Le module de z est : $\rho = \sqrt{12} \Rightarrow \rho = 2\sqrt{3}$.

Dans ces conditions : $z = 2\sqrt{3}(\cos\theta + i\sin\theta)$.

Or : $z = \sqrt{3} + 3i$.

D'où : $\begin{cases} \sqrt{3} = 2\sqrt{3}\cos\theta \\ 3 = 2\sqrt{3}\sin\theta \end{cases} \Leftrightarrow \begin{cases} \cos\theta = \dfrac{1}{2} \\ \sin\theta = \dfrac{\sqrt{3}}{2} \end{cases} \Rightarrow \theta = \dfrac{\pi}{3} + 2k\pi, k \in \mathbb{Z}$.

Au total : $\boxed{z = \left[2\sqrt{3}, \frac{\pi}{3}\right] \Leftrightarrow z = 2\sqrt{3}\left(\cos\frac{\pi}{3} + i\sin\frac{\pi}{3}\right) \Leftrightarrow z = 2\sqrt{3}e^{i\frac{\pi}{3}}}$.

8 Écrivons sous forme trigonométrique $z = (1 - i)(\sqrt{3} + 3i)$:

Nous savons déjà que : ▪ $1 - i = \left[\sqrt{2}, -\frac{\pi}{4}\right]$,

▪ $\sqrt{3} + 3i = \left[2\sqrt{3}, \frac{\pi}{3}\right]$.

Dans ces conditions : $z = \left[\sqrt{2}, -\frac{\pi}{4}\right]\left[2\sqrt{3}, \frac{\pi}{3}\right] \Rightarrow z = \left[2\sqrt{6}, \frac{\pi}{12}\right]$.

Au total : $\boxed{z = \left[2\sqrt{6}, \frac{\pi}{12}\right] \Leftrightarrow z = 2\sqrt{6}\left(\cos\frac{\pi}{12} + i\sin\frac{\pi}{12}\right) \Leftrightarrow z = 2\sqrt{6}e^{i\frac{\pi}{12}}}$.

9 **Écrivons sous forme trigonométrique** $z = \left(\frac{1}{2} - \frac{\sqrt{3}}{2}i\right)^3$:

Nous savons déjà que : ▪ $\frac{1}{2} - \frac{\sqrt{3}}{2}i = \left[1, -\frac{\pi}{3}\right]$.

D'où, en appliquant la formule de Moivre, nous obtenons :

$$z = \left[1, -\frac{\pi}{3}\right]^3 \Rightarrow z = [1, -\pi].$$

Au total : $\boxed{z = [1, -\pi] \Leftrightarrow z = 1(\cos(-\pi) + i\sin(-\pi)) \Leftrightarrow z = 1e^{-i\pi}}$.

10 **Écrivons sous forme trigonométrique** $z = (1+i)^5/(1-i)^3$:

Nous savons déjà que : ▪ $1 + i = \left[\sqrt{2}, \frac{\pi}{4}\right]$,

▪ $1 - i = \left[\sqrt{2}, -\frac{\pi}{4}\right]$.

Dans ces conditions : $z = \dfrac{\left[\sqrt{2}, \frac{\pi}{4}\right]^5}{\left[\sqrt{2}, -\frac{\pi}{4}\right]^3} \Rightarrow z = \dfrac{\left[4\sqrt{2}, 5\frac{\pi}{4}\right]}{\left[2\sqrt{2}, -\frac{3\pi}{4}\right]} \Rightarrow z = [2, 2\pi]$.

Au total : $\boxed{z = [2, 2\pi] \Leftrightarrow z = 2(\cos 2\pi + i\sin 2\pi) \Leftrightarrow z = 2e^{i2\pi}}$.

11 **Écrivons sous forme trigonométrique** $z = (1+i)^8(1-\sqrt{3}i)^{-6}$:

Nous savons déjà que : ▪ $1 + i = \left[\sqrt{2}, \frac{\pi}{4}\right]$,

▪ $1 - \sqrt{3}i = \left[2, -\frac{\pi}{3}\right]$.

Dans ces conditions : $z = \dfrac{\left[\sqrt{2}, \frac{\pi}{4}\right]^8}{\left[2, -\frac{\pi}{3}\right]^6} \Rightarrow z = \dfrac{[16, 2\pi]}{[64, -2\pi]} \Rightarrow z = \left[\frac{1}{4}, 4\pi\right]$.

Au total : $\boxed{z = \left[\frac{1}{4}, 4\pi\right] \Leftrightarrow z = \frac{1}{4}(\cos 4\pi + i\sin 4\pi) \Leftrightarrow z = \frac{1}{4}e^{i4\pi}}$.

12 **Écrivons sous forme trigonométrique** $z = -1 + \sqrt{3}i$:

Le module de z est : $\rho = 2$.

Dans ces conditions : $z = 2(\cos\theta + i\sin\theta)$.

Or : $z = -1 + \sqrt{3}i$.

D'où : $\begin{cases} -1 = 2\cos\theta \\ \sqrt{3} = 2\sin\theta \end{cases} \Leftrightarrow \begin{cases} \cos\theta = \frac{-1}{2} \\ \sin\theta = \frac{\sqrt{3}}{2} \end{cases} \Rightarrow \theta = \frac{2\pi}{3} + 2k\pi, k \in \mathbb{Z}$,

car $\cos(\pi - x) = -\cos x$ et $\sin(\pi - x) = \sin x$.

Au total : $\boxed{z = \left[2, \frac{2\pi}{3}\right] \Leftrightarrow z = 2\left(\cos\frac{2\pi}{3} + i\sin\frac{2\pi}{3}\right) \Leftrightarrow z = 2e^{i\frac{2\pi}{3}}}$.

B

1 **Comment détermine-t-on les racines n**[ièmes] **d'un nombre complexe** ?

2 **Calculer les racines carrés des nombres complexes suivants** :

ⓐ. $u = i$.

ⓑ. $u = 5$.

ⓒ. $u = 1 - \sqrt{3}i$.

ⓓ. $u = \frac{1 - i}{1 + i}$.

ⓔ. $u = (1 - i)(\sqrt{3} + 3i)$.

3 **Calculer les racines cubiques des nombres complexes suivants** :

ⓐ. $u = 1$.

ⓑ. $u = i$.

CORRECTION

1 **Déterminons comment nous devons procéder pour calculer les racines n^ièmes d'un nombre complexe** :

Soit z un nombre complexe, avec $z = a + ib$.

Sous forme trigonométrique, $z = [\rho, \theta]$, ρ étant le module de z et θ son argument.

Soit u un nombre complexe dont l'écriture sous forme trigonométrique est : $u = [\alpha, \beta]$, α étant le module de u et β son argument.

Dans ces conditions : $z^n = u \Leftrightarrow [\rho, \theta]^n = [\alpha, \beta]$,

$$z^n = u \Leftrightarrow [\rho^n, n\theta] = [\alpha, \beta],$$

$$z^n = u \Leftrightarrow \begin{cases} \rho^n = \alpha \\ n\theta = \beta + 2k\pi, k \in \mathbb{Z}, \end{cases}$$

$$\boxed{z^n = u \Leftrightarrow \begin{cases} \rho = \alpha^{1/n} \\ \theta = \dfrac{\beta + 2k\pi}{n}, k \in \mathbb{Z} \end{cases}}.$$

Il est bon de noter que pour déterminer les différentes valeurs de z, nous devons prendre respectivement : $k = 0$, $k = 1$, $k = 2$, $k = 3$, …, $k = (n-1)$.

2 **Calculons les racines carrés des nombres complexes suivants** :

ⓐ. $\boldsymbol{u = i}$:

Il s'agit de déterminer z tel que $z^2 = i$.

Sous forme trigonométrique $z = [\rho, \theta]$, ρ étant le module de z et θ son argument.

Or le module de u est : $\alpha = 1$.

Dans ces conditions : $u = 1(\cos\beta + i\sin\beta)$.

D'où nous avons le système suivant :

$$\begin{cases} 0 = \cos\beta \\ 1 = \sin\beta \end{cases} \Leftrightarrow \begin{cases} \cos\beta = 0 \\ \sin\beta = 1 \end{cases} \Rightarrow \beta = \frac{\pi}{2} + 2k\pi,\ k \in \mathbb{Z}.$$

Par conséquent : $u = \left[1, \frac{\pi}{2}\right]$.

Au total : $z^2 = i \Leftrightarrow [\rho, \theta]^2 = \left[1, \frac{\pi}{2}\right]$,

$$z^2 = i \Leftrightarrow [\rho^2, 2\theta] = \left[1, \frac{\pi}{2}\right],$$

$$z^2 = i \Leftrightarrow \begin{cases} \rho^2 = 1 \\ 2\theta = \frac{\pi}{2} + 2k\pi,\ k \in \mathbb{Z}, \end{cases}$$

$$\boxed{z^2 = i \Rightarrow \begin{cases} \rho = 1 \\ \theta = \frac{\pi}{4} + k\pi,\ k \in \mathbb{Z} \end{cases}}.$$

En définitive, les deux solutions sont :

$$\boxed{\begin{array}{l} \bullet\ (k = 0):\ z_1 = \left[1, \frac{\pi}{4}\right] \Leftrightarrow z_1 = 1\left(\cos\left(\frac{\pi}{4}\right) + i\sin\left(\frac{\pi}{4}\right)\right) \Leftrightarrow z_1 = e^{i\frac{\pi}{4}}, \\ \bullet\ (k = 1):\ z_2 = \left[1, \frac{5\pi}{4}\right] \Leftrightarrow z_2 = 1\left(\cos\left(\frac{5\pi}{4}\right) + i\sin\left(\frac{5\pi}{4}\right)\right) \Leftrightarrow z_2 = e^{i\frac{5\pi}{4}} \end{array}}.$$

ⓑ. $\boldsymbol{u = 5}$:

Il s'agit de déterminer z tel que $z^2 = 5$.

Sous forme trigonométrique $z = [\rho, \theta]$, ρ étant le module de z et θ son argument.

Or le module de u est : $\alpha = 5$.

Dans ces conditions : $u = 5(\cos\beta + i\sin\beta)$.

D'où nous avons le système suivant :

$$\begin{cases} 5 = 5\cos\beta \\ 0 = 5\sin\beta \end{cases} \Leftrightarrow \begin{cases} \cos\beta = 1 \\ \sin\beta = 0 \end{cases} \Rightarrow \beta = 0 + 2k\pi, k \in \mathbb{Z}.$$

Par conséquent : $u = [5, 0]$.

Au total : $z^2 = 5 \Leftrightarrow [\rho, \theta]^2 = [5, 0]$,

$z^2 = 5 \Leftrightarrow [\rho^2, 2\theta] = [5, 0]$,

$$z^2 = 5 \Leftrightarrow \begin{cases} \rho^2 = 5 \\ 2\theta = 0 + 2k\pi, k \in \mathbb{Z}, \end{cases}$$

$$\boxed{z^2 = 5 \Rightarrow \begin{cases} \rho = \sqrt{5} \\ \theta = k\pi, k \in \mathbb{Z} \end{cases}}.$$

En définitive, les deux solutions sont :

- **$(k = 0)$: $z_1 = [\sqrt{5}, 0] \Leftrightarrow z_1 = \sqrt{5}(\cos 0 + i\sin 0) \Leftrightarrow z_1 = \sqrt{5}$,**
- **$(k = 1)$: $z_2 = [\sqrt{5}, \pi] \Leftrightarrow z_2 = \sqrt{5}(\cos\pi + i\sin\pi) \Leftrightarrow z_2 = -\sqrt{5}$.**

ⓒ. $\boldsymbol{u = 1 - \sqrt{3}i}$:

Il s'agit de déterminer z tel que $z^2 = 1 - \sqrt{3}i$.

Sous forme trigonométrique $z = [\rho, \theta]$, ρ étant le module de z et θ son argument.

Or le module de u est : $\alpha = 2$.

Dans ces conditions : $u = 2(\cos\beta + i\sin\beta)$.

D'où nous avons le système suivant :

$$\begin{cases} 1 = 2\cos\beta \\ -\sqrt{3} = 2\sin\beta \end{cases} \Leftrightarrow \begin{cases} \cos\beta = \frac{1}{2} \\ \sin\beta = -\frac{\sqrt{3}}{2} \end{cases} \Rightarrow \beta = -\frac{\pi}{3} + 2k\pi, k \in \mathbb{Z}.$$

Par conséquent : $u = \left[2, -\frac{\pi}{3}\right]$.

Au total : $z^2 = 1 - \sqrt{3}i \Leftrightarrow [\rho, \theta]^2 = \left[2, -\frac{\pi}{3}\right]$,

$$z^2 = 1 - \sqrt{3}i \Leftrightarrow [\rho^2, 2\theta] = \left[2, -\frac{\pi}{3}\right],$$

$$z^2 = 1 - \sqrt{3}i \Leftrightarrow \begin{cases} \rho^2 = 5 \\ 2\theta = -\frac{\pi}{3} + 2k\pi, k \in \mathbb{Z}, \end{cases}$$

$$\boxed{z^2 = 1 - \sqrt{3}i \Rightarrow \begin{cases} \rho = \sqrt{2} \\ \theta = -\frac{\pi}{6} + k\pi, k \in \mathbb{Z} \end{cases}}.$$

En définitive, les deux solutions sont :

$$\blacksquare\ (k = 0) : z_1 = \left[\sqrt{2}, -\frac{\pi}{6}\right] \Leftrightarrow z_1 = \sqrt{2}\left(\cos\left(-\frac{\pi}{6}\right) + i\sin\left(-\frac{\pi}{6}\right)\right) \Leftrightarrow z_1 = \sqrt{2}e^{-i\frac{\pi}{6}},$$

$$\blacksquare\ (k = 1) : z_2 = \left[\sqrt{2}, \frac{5\pi}{6}\right] \Leftrightarrow z_2 = \sqrt{2}\left(\cos\left(\frac{5\pi}{6}\right) + i\sin\left(\frac{5\pi}{6}\right)\right) \Leftrightarrow z_2 = \sqrt{2}e^{i\frac{5\pi}{6}}.$$

ⓓ. $u = 1 - i/(1 + i)$:

Il s'agit de déterminer z tel que $z^2 = \frac{1 - i}{1 + i}$.

Sous forme trigonométrique $z = [\rho, \theta]$, ρ étant le module de z et θ son argument.

Or le module de u est : $\alpha = 1$.

De plus, l'argument de u est : $\beta = -\frac{\pi}{2} + 2k\pi, k \in \mathbb{Z}$.

Par conséquent : $\frac{1 - i}{1 + i} = \left[1, -\frac{\pi}{2}\right]$.

Au total : $z^2 = \frac{1-i}{1+i} \Leftrightarrow [\rho, \theta]^2 = \left[1, -\frac{\pi}{2}\right]$,

$$z^2 = \frac{1-i}{1+i} \Leftrightarrow [\rho^2, 2\theta] = \left[1, -\frac{\pi}{2}\right],$$

$$z^2 = \frac{1-i}{1+i} \Leftrightarrow \begin{cases} \rho^2 = 1 \\ 2\theta = -\frac{\pi}{2} + 2k\pi, k \in \mathbb{Z}, \end{cases}$$

$$\boxed{z^2 = \frac{1-i}{1+i} \Rightarrow \begin{cases} \rho = 1 \\ \theta = -\frac{\pi}{4} + k\pi, k \in \mathbb{Z} \end{cases}}.$$

En définitive, les deux solutions sont :

$$\boxed{\begin{array}{l} \blacksquare (k=0) : z_1 = \left[1, -\frac{\pi}{4}\right] \Leftrightarrow z_1 = 1\left(\cos\left(-\frac{\pi}{4}\right) + i\sin\left(-\frac{\pi}{4}\right)\right) \Leftrightarrow z_1 = e^{-i\frac{\pi}{4}}, \\ \blacksquare (k=1) : z_2 = \left[1, \frac{3\pi}{4}\right] \Leftrightarrow z_2 = 1\left(\cos\left(\frac{3\pi}{4}\right) + i\sin\left(\frac{3\pi}{4}\right)\right) \Leftrightarrow z_2 = e^{i\frac{3\pi}{4}} \end{array}}.$$

ⓔ. $\boldsymbol{u = (1-i)(\sqrt{3}+3i)}$:

Il s'agit de déterminer z tel que $z^2 = (1-i)(\sqrt{3}+3i)$.

Sous forme trigonométrique $z = [\rho, \theta]$, ρ étant le module de z et θ son argument.

Or le module de u est : $\alpha = 2\sqrt{6}$.

De plus, l'argument de u est : $\beta = \frac{\pi}{12} + 2k\pi, k \in \mathbb{Z}$.

Par conséquent : $(1-i)(\sqrt{3}+3i) = \left[2\sqrt{6}, \frac{\pi}{12}\right]$.

Au total : $z^2 = (1 - i)(\sqrt{3} + 3i) \Leftrightarrow [\rho, \theta]^2 = \left[2\sqrt{6}, \frac{\pi}{12}\right]$,

$$z^2 = (1 - i)(\sqrt{3} + 3i) \Leftrightarrow [\rho^2, 2\theta] = \left[2\sqrt{6}, \frac{\pi}{12}\right],$$

$$z^2 = (1 - i)(\sqrt{3} + 3i) \Leftrightarrow \begin{cases} \rho^2 = 2\sqrt{6} \\ 2\theta = \frac{\pi}{12} + 2k\pi, k \in \mathbb{Z}, \end{cases}$$

$$\boxed{z^2 = (1 - i)(\sqrt{3} + 3i) \Rightarrow \begin{cases} \rho = (2\sqrt{6})^{1/2} \\ \theta = \frac{\pi}{24} + k\pi, k \in \mathbb{Z} \end{cases}}.$$

En définitive, les deux solutions sont :

- $(k = 0)$: $z_1 = \left[(2\sqrt{6})^{1/2}, \frac{\pi}{24}\right]$

$$\Leftrightarrow z_1 = (2\sqrt{6})^{1/2}\left(\cos\left(\frac{\pi}{24}\right) + i\sin\left(\frac{\pi}{24}\right)\right) \Leftrightarrow z_1 = (2\sqrt{6})^{1/2} e^{\frac{i\pi}{24}}$$

- $(k = 1)$: $z_2 = \left[(2\sqrt{6})^{1/2}, \frac{25\pi}{24}\right]$

$$\Leftrightarrow z_2 = (2\sqrt{6})^{1/2}\left(\cos\left(\frac{25\pi}{24}\right) + i\sin\left(\frac{25\pi}{24}\right)\right) \Leftrightarrow z_2 = (2\sqrt{6})^{1/2} e^{i\frac{25\pi}{24}}.$$

3 Calculons les racines cubiques des nombres complexes suivants :

ⓐ. $u = 1$:

Il s'agit de déterminer z tel que $z^3 = 1$.

Sous forme trigonométrique $z = [\rho, \theta]$, ρ étant le module de z et θ son argument.

Or le module de u est : $\alpha = 1$.

Dans ces conditions : $u = 1(\cos\beta + i\sin\beta)$.

D'où nous avons le système suivant :

$$\begin{cases} 1 = \cos\beta \\ 0 = \sin\beta \end{cases} \Leftrightarrow \begin{cases} \cos\beta = 1 \\ \sin\beta = 0 \end{cases} \Rightarrow \beta = 0 + 2k\pi, k \in \mathbb{Z}.$$

Par conséquent : $u = [1, 0]$.

Au total : $z^3 = 1 \Leftrightarrow [\rho, \theta]^3 = [1, 0]$,

$$z^3 = 1 \Leftrightarrow [\rho^3, 3\theta] = [1, 0],$$

$$z^3 = 1 \Leftrightarrow \begin{cases} \rho^3 = 1 \\ 3\theta = 0 + 2k\pi, k \in \mathbb{Z}, \end{cases}$$

$$\boxed{z^3 = 1 \Rightarrow \begin{cases} \rho = 1 \\ \theta = \frac{2k\pi}{3}, k \in \mathbb{Z} \end{cases}}.$$

En définitive, les trois solutions sont :

- $(k = 0)$: $z_1 = [1, 0] \Leftrightarrow z_1 = 1(\cos 0 + i\sin 0) \Leftrightarrow z_1 = 1$
- $(k = 1)$: $z_2 = \left[1, \frac{2\pi}{3}\right] \Leftrightarrow z_2 = 1\left(\cos\left(\frac{2\pi}{3}\right) + i\sin\left(\frac{2\pi}{3}\right)\right) \Leftrightarrow z_2 = e^{i\frac{2\pi}{3}}$.
- $(k = 2)$: $z_3 = \left[1, \frac{4\pi}{3}\right] \Leftrightarrow z_3 = 1\left(\cos\left(\frac{4\pi}{3}\right) + i\sin\left(\frac{4\pi}{3}\right)\right) \Leftrightarrow z_3 = e^{i\frac{4\pi}{3}}$

ⓑ. $u = i$:

Il s'agit de déterminer z tel que $z^3 = i$.

Sous forme trigonométrique $z = [\rho, \theta]$, ρ étant le module de z et θ son argument.

Or le module de u est : $\alpha = 1$.

Dans ces conditions : $u = 1(\cos\beta + i\sin\beta)$.

D'où nous avons le système suivant :

$$\begin{cases} 0 = \cos\beta \\ 1 = \sin\beta \end{cases} \Leftrightarrow \begin{cases} \cos\beta = 0 \\ \sin\beta = 1 \end{cases} \Rightarrow \beta = \frac{\pi}{2} + 2k\pi, k \in \mathbb{Z}.$$

Par conséquent : $u = \left[1, \frac{\pi}{2}\right]$.

Au total : $z^3 = i \Leftrightarrow [\rho, \theta]^3 = \left[1, \frac{\pi}{2}\right]$,

$$z^3 = i \Leftrightarrow [\rho^3, 3\theta] = \left[1, \frac{\pi}{2}\right],$$

$$z^3 = i \Leftrightarrow \begin{cases} \rho^3 = 1 \\ 3\theta = \frac{\pi}{2} + 2k\pi, k \in \mathbb{Z}, \end{cases}$$

$$\boxed{z^3 = i \Rightarrow \begin{cases} \rho = 1 \\ \theta = \frac{\pi}{6} + \frac{2k\pi}{3}, k \in \mathbb{Z} \end{cases}}.$$

En définitive, les trois solutions sont :

- $(k = 0)$: $z_1 = \left[1, \frac{\pi}{6}\right] \Leftrightarrow z_1 = 1\left(\cos\left(\frac{\pi}{6}\right) + i\sin\left(\frac{\pi}{6}\right)\right) \Leftrightarrow z_1 = e^{i\frac{\pi}{6}}$
- $(k = 1)$: $z_2 = \left[1, \frac{5\pi}{6}\right] \Leftrightarrow z_2 = 1\left(\cos\left(\frac{5\pi}{6}\right) + i\sin\left(\frac{5\pi}{6}\right)\right) \Leftrightarrow z_2 = e^{i\frac{5\pi}{6}}$.
- $(k = 2)$: $z_3 = \left[1, \frac{9\pi}{6}\right] \Leftrightarrow z_3 = 1\left(\cos\left(\frac{9\pi}{6}\right) + i\sin\left(\frac{9\pi}{6}\right)\right) \Leftrightarrow z_3 = e^{i\frac{9\pi}{6}}$

TRAINING 3

A

On pose : $j = -\frac{1}{2} + \frac{i\sqrt{3}}{2}$.

1 Donnez la forme algébrique de j^2.

2 Vérifiez que : $1 + j + j^2 = 0$.

3 Écrire j sous forme trigonométrique.

4 En déduire j^n.

CORRECTION

1 Donnons la forme algébrique de j^2 :

$$j^2 = \left(-\frac{1}{2} + \frac{i\sqrt{3}}{2}\right)\left(-\frac{1}{2} + \frac{i\sqrt{3}}{2}\right)$$

$$\Leftrightarrow j^2 = \frac{1}{4} - \frac{i\sqrt{3}}{4} - \frac{i\sqrt{3}}{4} - \frac{3}{4} \Rightarrow \boxed{j^2 = -\frac{1}{2} - \frac{i\sqrt{3}}{2}}.$$

2 Vérifions que : $1 + j + j^2 = 0$:

$$1 + j + j^2 = 1 + \left(-\frac{1}{2} + \frac{i\sqrt{3}}{2}\right) + \left(-\frac{1}{2} - \frac{i\sqrt{3}}{2}\right)$$

$$\Leftrightarrow 1 + j + j^2 = 1 - 1 \Rightarrow \boxed{1 + j + j^2 = 0}.$$

3 Écrivons j sous forme trigonométrique :

Il s'agit de déterminer le module "r" et l'argument "θ" de j, avec : $j = re^{i\theta}$.

ⓐ. **Le module** :

$$r = \sqrt{\left(-\frac{1}{2}\right)^2 + \left(\frac{\sqrt{3}}{2}\right)^2} \Rightarrow \boxed{r = 1}.$$

ⓑ. **L'argument** :

Nous savons : ① $\begin{cases} \cos\left(\frac{\pi}{3}\right) = \frac{1}{2} \\ \sin\left(\frac{\pi}{3}\right) = \frac{\sqrt{3}}{2} \end{cases}$,

② $\begin{cases} \cos(\pi - x) = -\cos x \\ \sin(\pi - x) = \sin x \end{cases}$.

Dans ces conditions : $\theta = \pi - \frac{\pi}{3}[2\pi] \Rightarrow \boxed{\theta = \frac{2\pi}{3}[2\pi]}$.

Au total : $\boxed{j = \left[1; \frac{2\pi}{3}\right]}$ ou $\boxed{j = e^{\frac{i2\pi}{3}}}$.

4 Déduisons-en j^n :

Pour cela, nous allons utiliser la formule de **Moivre**.

$$j^n = \left[1; \frac{2\pi}{3}\right]^n \text{ ou } j^n = \left(e^{i\frac{2\pi}{3}}\right)^n \quad (1)$$

$$(1) \Leftrightarrow j^n = \left[1; \frac{2n\pi}{3}\right] \text{ ou } j^n = e^{i\frac{2n\pi}{3}} \quad (2)$$

$$(2) \Rightarrow \boxed{j^n = e^{\frac{2in\pi}{3}}}.$$

B

Soit $z = x + iy$, et X un nombre complexe.

Déterminer la forme algébrique de X dans les 2 cas suivants :

1 $X = \dfrac{1 + iz}{2z - i}$, avec $z \neq \dfrac{i}{2}$.

2 $X = \dfrac{z - 1}{z + 1}$, avec $z \neq -1$.

CORRECTION

1 Écrivons la forme algébrique de X :

- $z = x + iy$,
- $2z - i = 2x + i(2y - 1)$,
- $1 + iz = (1 + x) + iy$.

D'où : $X = \dfrac{(1 + x) + iy}{2x + i(2y - 1)} \Leftrightarrow X = \dfrac{[(1 + x) + iy][2x - i(2y - 1)]}{(2x)^2 + (2y - 1)^2}$ (1)

(1) $\Leftrightarrow X = \dfrac{2x^2 + 2x + 2y^2 - y + i(1 + x - 2y)}{4x^2 + 4y^2 - 4y + 1}$ (2)

(2) $\Rightarrow \boxed{\mathbf{X = \left(\dfrac{2x^2 + 2x + 2y^2 - y}{4x^2 + 4y^2 - 4y + 1}\right) + i\left(\dfrac{1 + x - 2y}{4x^2 + 4y^2 - 4y + 1}\right)}}$.

2 Écrivons la forme algébrique de X :

- $z = x + iy$,
- $z - 1 = (x - 1) + iy$,

▪ $z + 1 = (x + 1) + iy$.

D'où : $X = \dfrac{(x-1)+iy}{(x+1)+iy} \Leftrightarrow X = \dfrac{[(x-1)+iy][(x+1)-iy]}{(x+1)^2+y^2}$ (3)

$$(3) \Leftrightarrow X = \frac{x^2 - 1 + iy(x+1) - iy(x-1) + y^2}{x^2 + y^2 + 2x + 1} \quad (4)$$

$$(4) \Rightarrow \boxed{\boldsymbol{X = \left(\frac{x^2+y^2-1}{x^2+y^2+2x+1}\right) + i\left(\frac{2y}{x^2+y^2+2x+1}\right)}}.$$

C

Soit $z_1 = -2\left(\cos\left(\frac{\pi}{3}\right) + i\sin\left(\frac{\pi}{3}\right)\right)$ et $z_2 = -1 + i$.

1 Écrire z_1 et $z_1 z_2$ sous forme algébrique.

2 Quelles sont les écritures trigonométriques de z_1, z_2 et $z_1 z_2$.

3 En déduire la valeur exacte de $\cos\left(\frac{\pi}{12}\right)$ et $\sin\left(\frac{\pi}{12}\right)$.

4 Mêmes questions avec : $\boldsymbol{z_1 = -3e^{-i\pi/3}}$, $\boldsymbol{z_2 = 2 - 2i}$, **et** $\boldsymbol{\frac{5\pi}{12}}$ **au lieu de** $\boldsymbol{\frac{\pi}{12}}$.

CORRECTION

1 Écrivons z_1 et $z_1 z_2$ sous forme algébrique :

ⓐ. Nous savons que : $\begin{cases} \cos(\pi/3) = \dfrac{1}{2} \\ \sin(\pi/3) = \dfrac{\sqrt{3}}{2} \end{cases}$.

Dans ces conditions : $z_1 = -2\left(\frac{1}{2} + i\frac{\sqrt{3}}{2}\right) \Rightarrow \mathbf{z_1 = -1 - i\sqrt{3}}$.

ⓑ. D'où : $z_1 z_2 = (-1 - i\sqrt{3})(-1 + i) \Rightarrow \mathbf{z_1 z_2 = (1 + \sqrt{3}) + i(\sqrt{3} - 1)}$.

2 Déterminons les écritures trigonométriques de z_1, z_2 et $z_1 z_2$:

ⓐ. ⓐ1. **Le module de z_1** :

$r = \sqrt{(-1)^2 + (-\sqrt{3})^2} \Rightarrow \mathbf{r = 2}$.

ⓐ2. **L'argument** :

Nous avons : $-1 - i\sqrt{3} = 2(\cos\theta + i\sin\theta)$.

D'où : $\begin{cases} \cos\theta = -\frac{1}{2} \\ \sin\theta = \frac{-\sqrt{3}}{2} \end{cases} \Rightarrow \theta = \pi + \frac{\pi}{3} + 2k\pi, k \in \mathbb{Z}$.

D'où : $\boldsymbol{\theta = \frac{4\pi}{3} + 2k\pi, k \in \mathbb{Z}}$.

Ainsi : $\boxed{\mathbf{z_1 = \left[2; \frac{4\pi}{3}\right]} \text{ ou } \mathbf{z_1 = 2e^{i\frac{4\pi}{3}}}}$.

ⓑ. ⓑ1. **Le module de z_2** :

$r = \sqrt{(-1^2) + (1^2)} \Rightarrow \mathbf{r = \sqrt{2}}$.

ⓑ2. **L'argument** :

Nous avons : $-1 + i = \sqrt{2}(\cos\theta + i\sin\theta)$.

D'où : $\begin{cases} \cos\theta = -\frac{1}{\sqrt{2}} \\ \sin\theta = \frac{1}{\sqrt{2}} \end{cases} \Leftrightarrow \begin{cases} \cos\theta = -\frac{\sqrt{2}}{2} \\ \sin\theta = \frac{\sqrt{2}}{2} \end{cases} \Rightarrow \theta = \pi - \frac{\pi}{4} + 2k\pi, k \in \mathbb{Z}$.

D'où : $\theta = \frac{3\pi}{4} + 2k\pi, k \in \mathbb{Z}$.

Ainsi : $z_2 = \left[\sqrt{2}; \frac{3\pi}{4}\right]$ ou $z_2 = \sqrt{2}\, e^{i\frac{3\pi}{4}}$.

ⓒ. ⓒ1 . **Le module de z_1z_2 :**

$|z_1z_2| = 2 \times \sqrt{2}$.

ⓒ2 . **L'argument** :

D'après le cours, nous avons : $z_1z_2 = \left[2; \frac{4\pi}{3}\right] \times \left[\sqrt{2}; \frac{3\pi}{4}\right]$ (1)

(1) $\Leftrightarrow z_1z_2 = \left[2\sqrt{2}; \frac{4\pi}{3} + \frac{3\pi}{4}\right]$ (2)

(2) $\Rightarrow z_1z_2 = \left[2\sqrt{2}; \frac{25\pi}{12}\right]$.

D'où, l'argument de z_1z_2 est : $\theta = \frac{25\pi}{12} + 2k\pi, k \in \mathbb{Z}$.

Ainsi : $z_1z_2 = (2\sqrt{2})e^{i\frac{25\pi}{12}}$.

3 Déduisons-en la valeur de $\cos\left(\frac{\pi}{12}\right)$ et $\sin\left(\frac{\pi}{12}\right)$:

Nous avons : $\frac{25\pi}{12} = \frac{\pi}{12} + 2k\pi, k \in \mathbb{Z}$.

Dans ces conditions, nous pouvons écrire :

$$z_1z_2 = (2\sqrt{2})e^{i\frac{\pi}{12}} \Leftrightarrow z_1z_2 = (2\sqrt{2})\left(\cos\left(\frac{\pi}{12}\right) + i\sin\left(\frac{\pi}{12}\right)\right).$$

Or : $z_1z_2 = (1 + \sqrt{3}) + i(\sqrt{3} - 1)$.

Par identification, nous avons alors :

$$\begin{cases} 2\sqrt{2}\cos\left(\frac{\pi}{12}\right) = 1+\sqrt{3} \\ 2\sqrt{2}\sin\left(\frac{\pi}{12}\right) = \sqrt{3}-1 \end{cases} \Rightarrow \boxed{\begin{cases} \cos\left(\frac{\pi}{12}\right) = \frac{1+\sqrt{3}}{2\sqrt{2}} \\ \sin\left(\frac{\pi}{12}\right) = \frac{\sqrt{3}-1}{2\sqrt{2}} \end{cases}}.$$

On peut aussi écrire :

$$\cos\left(\frac{\pi}{12}\right) = \frac{\sqrt{6}+\sqrt{2}}{4} \text{ et } \sin\left(\frac{\pi}{12}\right) = \frac{\sqrt{6}-\sqrt{2}}{4}.$$

4 A présent, $z_1 = -3e^{-i\frac{\pi}{3}}$ et $z_2 = 2-2i$:

ⓐ. **Écrivons z_1 et z_1z_2 sous forme algébrique** :

(a1). Nous savons que : $\cos\left(-\frac{\pi}{3}\right) = \frac{1}{2}$ et $\sin\left(-\frac{\pi}{3}\right) = -\frac{\sqrt{3}}{2}$,

$$\text{car : } \begin{cases} \cos(-x) = \cos(x) \\ \sin(-x) = -\sin(x) \end{cases}.$$

Dans ces conditions : $z_1 = -3\left(\frac{1}{2} - i\frac{\sqrt{3}}{2}\right) \Rightarrow \boxed{z_1 = -\frac{3}{2} + i\frac{3\sqrt{3}}{2}}$.

(a2). D'où : $z_1z_2 = \left(-\frac{3}{2} + i\frac{3\sqrt{3}}{2}\right)(2-2i)$,

cad : $\boxed{z_1z_2 = (-3+3\sqrt{3}) + i(3+3\sqrt{3})}$.

ⓑ. **Déterminons les écritures trigonométriques de z_1, z_2 et z_1z_2** :

$\boxed{z_1}$ ▪ $r = \sqrt{\left(-\frac{3}{2}\right)^2 + \left(\frac{3\sqrt{3}}{2}\right)^2} \Rightarrow r = 3$.

▪ Nous avons : $-\frac{3}{2} + i\frac{3\sqrt{3}}{2} = 3(\cos\theta + i\sin\theta)$.

D'où : $\begin{cases} \cos\theta = -\dfrac{1}{2} \\ \sin\theta = \dfrac{\sqrt{3}}{2} \end{cases} \Rightarrow \boldsymbol{\theta = \dfrac{2\pi}{3} + 2k\pi, k \in \mathbb{Z}}.$

- Ainsi : $\boxed{\boldsymbol{z_1 = \left[3; \dfrac{2\pi}{3}\right]} \text{ ou } \boldsymbol{z_1 = 3e^{i\frac{2\pi}{3}}}}$.

Nous remarquons que : $\boxed{\boldsymbol{z_1 = 3j}}$.

$\boxed{z_2}$ ▪ $r = \sqrt{(2)^2 + (-2)^2} \Rightarrow \boldsymbol{r = 2\sqrt{2}}$.

- Nous avons : $2 - 2i = 2\sqrt{2}(\cos\theta + i\sin\theta)$.

D'où : $\begin{cases} \cos\theta = \dfrac{2}{2\sqrt{2}} \\ \sin\theta = \dfrac{-2}{2\sqrt{2}} \end{cases} \Leftrightarrow \begin{cases} \cos\theta = \dfrac{\sqrt{2}}{2} \\ \sin\theta = \dfrac{-\sqrt{2}}{2} \end{cases} \Rightarrow \boldsymbol{\theta = \dfrac{-\pi}{4} + 2k\pi, k \in \mathbb{Z}}.$

- Ainsi : $\boxed{\boldsymbol{z_2 = \left[2\sqrt{2}; \dfrac{-\pi}{4}\right]} \text{ ou } \boldsymbol{z_2 = (2\sqrt{2})e^{-i\frac{\pi}{4}}}}$.

$\boxed{z_1z_2}$ ▪ $|z_1z_2| = 3 \times (2\sqrt{2}) \Rightarrow \boldsymbol{|z_1z_2| = 6\sqrt{2}}$.

- $z_1z_2 = \left[3; \dfrac{2\pi}{3}\right] \times \left[2\sqrt{2}; \dfrac{-\pi}{4}\right]$ (3)

(3) $\Leftrightarrow z_1z_2 = \left[3 \times (2\sqrt{2}); \dfrac{2\pi}{3} \dfrac{-\pi}{4}\right] \Rightarrow z_1z_2 = \left[6\sqrt{2}; \dfrac{5\pi}{12}\right]$.

D'où, l'argument de z_1z_2 est : $\boldsymbol{\theta = \dfrac{5\pi}{12} + 2k\pi, k \in \mathbb{Z}}$.

- Ainsi : $\boxed{\boldsymbol{z_1z_2 = (6\sqrt{2})e^{i\frac{5\pi}{12}}}}$.

ⓒ. **Déduisons-en $\cos\left(\frac{5\pi}{12}\right)$ et $\sin\left(\frac{5\pi}{12}\right)$:**

La forme algébrique de z_1z_2 est : $z_1z_2 = (-3+3\sqrt{3}) + i(3+3\sqrt{3})$.

La forme trigonométrique de z_1z_2 est $z_1z_2 = (6\sqrt{2})\left(\cos\left(\frac{5\pi}{12}\right) + i\sin\left(\frac{5\pi}{12}\right)\right)$.

Par identification, nous avons alors : $\begin{cases} 6\sqrt{2}\cos\left(\frac{5\pi}{12}\right) = -3+3\sqrt{3} \\ 6\sqrt{2}\sin\left(\frac{5\pi}{12}\right) = 3+3\sqrt{3} \end{cases}$ (4)

$$(4) \Leftrightarrow \begin{cases} \cos\left(\frac{5\pi}{12}\right) = \frac{-3+3\sqrt{3}}{6\sqrt{2}} \\ \sin\left(\frac{5\pi}{12}\right) = \frac{3+3\sqrt{3}}{6\sqrt{2}} \end{cases} \Rightarrow \boxed{\begin{cases} \cos\left(\frac{5\pi}{12}\right) = \frac{-1+\sqrt{3}}{2\sqrt{2}} \\ \sin\left(\frac{5\pi}{12}\right) = \frac{1+\sqrt{3}}{2\sqrt{2}} \end{cases}}.$$

TRAINING 4

A

Résolvez dans $\mathbb{C}$ chacune des équations suivantes :

1 $3z^2 - 6z + 4 = 0$.

2 $z^2 + \sqrt{3}z + 1 = 0$.

3 $z^2 - 2(2 - i)z + 3(1 - 2i) = 0$.

4 $z^2 - (1 + i\sqrt{3})z - 1 + i\sqrt{3} = 0$.

CORRECTION

1 **Résolvons dans $\mathbb{C}$ l'équation $3z^2 - 6z + 4 = 0$** :

Calculons Δ : $\Delta = -12 \Leftrightarrow \Delta = (\sqrt{12}i)^2$.

D'où deux solutions :
- $z_1 = \dfrac{6 - \sqrt{12}i}{6}$,
- $z_2 = \dfrac{6 + \sqrt{12}i}{6}$.

2 **Résolvons dans $\mathbb{C}$ l'équation $z^2 + \sqrt{3}z + 1 = 0$** :

Calculons Δ : $\Delta = -1 \Leftrightarrow \Delta = i^2$.

D'où deux solutions :
- $z_1 = \dfrac{-\sqrt{3} - i}{2}$,
- $z_2 = \dfrac{-\sqrt{3} + i}{2}$.

3 Résolvons dans $\mathbb{C}$ l'équation $z^2 - 2(2-i)z + 3(1-2i) = 0$:

Calculons Δ : $\Delta = 8i$.

Il nous faut déterminer un nombre complexe $\alpha = a + ib$ tel que : $\alpha^2 = \Delta$.

$\alpha^2 = (a+ib)^2 \Leftrightarrow \alpha^2 = a^2 - b^2 + i(2ab)$.

Or $\Delta = 8i$.

D'où : $\alpha^2 = \Delta \Rightarrow \begin{cases} a^2 - b^2 = 0 \\ 2ab = 8. \end{cases}$

De plus, $\alpha^2 = \Delta \Rightarrow |\alpha|^2 = |\Delta| \Rightarrow a^2 + b^2 = 8$.

Par conséquent, nous obtenons le système :

$$\begin{cases} a^2 - b^2 = 0 \\ a^2 + b^2 = 8 \\ 2ab = 8 \end{cases} \Leftrightarrow \begin{cases} a^2 - b^2 = 0 \\ a^2 + b^2 = 8 \\ ab = 4 \end{cases} \Rightarrow \begin{cases} a^2 - b^2 = 0 \\ a^2 + b^2 = 8 \quad \text{(I)}. \\ ab > 0 \quad \text{(i)} \end{cases}$$

Du système (I), nous déduisons $2a^2 = 8 \Rightarrow a^2 = 4 \Rightarrow a = 2$ ou $a = -2$.

Dans ces conditions : $b^2 = a^2 \Rightarrow b = 2$ ou $b = -2$.

Or l'inégalité (i) nous permet d'affirmer que a et b sont de même signe.

Au total : $\alpha' = -2 - 2i$ et $\alpha'' = 2 + 2i$.

Il est bon de noter que dans la solution finale, nous retiendrons soit α', soit α''.

Prenons α'.

En définitive : $\blacksquare\ z_1 = \dfrac{2(2-i) + 2 + 2i}{2}$

$\blacksquare\ z_2 = \dfrac{2(2-i) - 2 - 2i}{2}$

$\Rightarrow$ $\boxed{\begin{array}{l} \blacksquare\ \mathbf{z_1 = 3,} \\ \blacksquare\ \mathbf{z_2 = 1 - 2i} \end{array}}$.

4 Résolvons dans $\mathbb{C}$ l'équation $z^2 - (1 + i\sqrt{3})z - 1 + i\sqrt{3} = 0$:

Calculons Δ : $\Delta = 2 - 2i\sqrt{3}$.

Il nous faut déterminer un nombre complexe $\alpha = a + ib$ tel que : $\alpha^2 = \Delta$.

$\alpha^2 = (a + ib)^2 \Leftrightarrow \alpha^2 = a^2 - b^2 + i(2ab)$.

Or $\Delta = 2 - 2i\sqrt{3}$.

D'où : $\alpha^2 = \Delta \Rightarrow \begin{cases} a^2 - b^2 = 2 \\ 2ab = -2\sqrt{3} \end{cases}$.

De plus, $\alpha^2 = \Delta \Rightarrow |\alpha|^2 = |\Delta| \Rightarrow a^2 + b^2 = 4$.

Par conséquent, nous obtenons le système :

$$\begin{cases} a^2 - b^2 = 2 \\ a^2 + b^2 = 4 \\ 2ab = 2\sqrt{3} \end{cases} \Leftrightarrow \begin{cases} a^2 - b^2 = 2 \\ a^2 + b^2 = 4 \\ ab = -\sqrt{3} \end{cases} \Rightarrow \begin{cases} a^2 - b^2 = 2 \\ a^2 + b^2 = 4 \quad \text{(I)}. \\ ab < 0 \quad \text{(i)} \end{cases}$$

Du système (I), nous déduisons $2a^2 = 6 \Rightarrow a^2 = 3 \Rightarrow a = \sqrt{3}$ ou $a = -\sqrt{3}$.

Dans ces conditions : $b^2 = 4 - a^2 \Rightarrow b^2 = 1 \Rightarrow b = 1$ ou $b = -1$.

Or l'inégalité (i) nous permet d'affirmer que a et b sont de signes opposés.

Au total : $\alpha' = \sqrt{3} - i$ et $\alpha'' = -\sqrt{3} + i$.

Il est bon de noter que dans la solution finale, nous retiendrons soit α', soit α''.

Prenons α'.

En définitive : ▪ $z_1 = \dfrac{1 + i\sqrt{3} - \sqrt{3} + i}{2}$,

▪ $z_2 = \dfrac{1 + i\sqrt{3} + \sqrt{3} - i}{2}$, $\Rightarrow$

▪ $z_1 = \dfrac{(1 - \sqrt{3}) + (\sqrt{3} + 1)i}{2}$,
▪ $z_2 = \dfrac{(1 + \sqrt{3}) + (\sqrt{3} - 1)i}{2}$.

B

Résoudre dans $\mathbb{C}$ les équations :

1 $z^3 - 3z^2 + 4z - 2 = 0$.

2 $z^3 + (1 - i)z^2 + (1 - i)z - i = 0$.

CORRECTION

1 Résolvons dans $\mathbb{C}$ l'équation $z^3 - 3z^2 + 4z - 2 = 0$:

Préalablement, nous devons trouver une racine évidente.

Or "**1**" est une racine évidente : $1 - 3 + 4 - 2 = 0$.

D'où $z^3 - 3z^2 + 4z - 2 = 0 \Leftrightarrow (z - 1)(az^2 + bz + c) = 0$ (1)

(1) $\Leftrightarrow az^3 + bz^2 + cz - az^2 - bz - c = 0$ (2)

(2) $\Leftrightarrow az^3 + (b - a)z^2 + (c - b)z - c = 0$.

Par identification avec l'équation $z^3 - 3z^2 + 4z - 2 = 0$, nous obtenons :

$$\begin{cases} a = 1 \\ b - a = -3 \\ c - b = 4 \\ -c = -2 \end{cases} \Rightarrow \begin{cases} a = 1 \\ b = -2 \\ c = 2 \end{cases}.$$

Dans ces conditions : $z^3 - 3z^2 + 4z - 2 = 0 \Leftrightarrow (z - 1)(z^2 - 2z + 2) = 0$.

Résolvons l'équation du second degré : $(z^2 - 2z + 2) = 0$.

Calculons Δ : $\Delta = -4 \Leftrightarrow \Delta = (2i)^2$.

D'où deux solutions :

- $\boldsymbol{z_1 = 1 - i}$,
- $\boldsymbol{z_2 = 1 + i}$.

Au total, l'équation $z^3 - 3z^2 + 4z - 2 = 0$ admet trois solutions :

$$\boxed{\begin{array}{l} \bullet\ z_1 = 1 - i, \\ \bullet\ z_2 = 1 + i, \\ \bullet\ z_3 = 1 \end{array}}.$$

2 Résolvons dans $\mathbb{C}$ l'équation $z^3 + (1 - i)z^2 + (1 - i)z - i = 0$:

Préalablement, nous devons trouver une racine évidente.

Or "i" est une racine évidente :

$$i^3 + (1 - i)i^2 + (1 - i)i - i = - i + (- 1 + i) + i + 1 - i = 0 .$$

D'où $z^3 + (1 - i)z^2 + (1 - i)z - i = 0 \Leftrightarrow (z - i)(az^2 + bz + c) = 0$ (1)

(1) $\Leftrightarrow az^3 + bz^2 + cz - iaz^2 - ibz - ic = 0$ (2)

(2) $\Leftrightarrow az^3 + (b - ia)z^2 + (c - ib)z + (-ic) = 0$.

Par identification nous avons :

$$\begin{cases} a = 1 \\ b - ia = 1 - i \\ c - ib = 1 - i \\ -ic = -i \end{cases} \Rightarrow \begin{cases} a = 1 \\ b = 1 \\ c = 1 \end{cases}.$$

Dans ces conditions :

$z^3 + (1 - i)z^2 + (1 - i)z - i = 0 \Leftrightarrow (z - i)(z^2 + z + 1) = 0$ ·

Soit l'équation : $z^2 + z + 1 = 0$.

$\Delta = -3 \Leftrightarrow \Delta = (i\sqrt{3})^2$.

D'où deux nouvelles solutions : $\boxed{z' = \dfrac{-1 - i\sqrt{3}}{2}, \quad z'' = \dfrac{-1 + i\sqrt{3}}{2}}$.

Au total, nous obtenons 3 solutions :

- $z_1 = i$,
- $z_2 = -\frac{1}{2} - \frac{i\sqrt{3}}{2}$,
- $z_3 = -\frac{1}{2} + \frac{i\sqrt{3}}{2} = j$.

C

Soit l'équation : $\mathbf{z^3 - 12z^2 + 48z - 128 = 0}$. **(1)**

1 Vérifiez que "**8**" est solution de (1).

2 Résolvez alors (1) dans $\mathbb{C}$.

CORRECTION

1 Vérifions que "8" est solution de (1) :

$(8)^3 - 12(8)^2 + 48(8) - 128 = 8 \times 64 - 12 \times 64 + 6 \times 64 - 128$ (2),

(2) $\Leftrightarrow 2 \times 64 - 128 = 0$.

Donc "**8**" est bien solution de (1).

On dit que "**8**" est une **racine évidente**.

2 Résolvons (1) dans $\mathbb{C}$:

Nous avons : $z^3 - 12z^2 + 48z - 128 = 0 \Leftrightarrow (z-8)(az^2 + bz + c) = 0$ (3)

(3) $\Leftrightarrow az^3 + bz^2 + cz - 8az^2 - 8bz - 8c = 0$ (4)

(4) $\Leftrightarrow az^3 + (b - 8a)z^2 + (c - 8b)z + (-8c) = 0$.

Par identification, nous avons :

$$\begin{cases} a = 1 \\ b - 8a = -12 \\ c - 8b = 48 \\ -8c = -128 \end{cases} \Rightarrow \begin{cases} a = 1 \\ b = -4 \\ c = 16 \end{cases}.$$

Dans ces conditions :

$z^3 - 12z^2 + 48z - 128 = 0 \Leftrightarrow (z-8)(z^2 - 4z + 16) = 0$.

Soit l'équation : $z^2 - 4z + 16 = 0$.

$\Delta = -48 \Leftrightarrow \Delta = (4\sqrt{3}i)^2$.

D'où deux nouvelles solutions :

$$\boxed{z' = \frac{\mathbf{4 - 4\sqrt{3}}\boldsymbol{i}}{\mathbf{2}}, \quad z'' = \frac{\mathbf{4 + 4\sqrt{3}}\boldsymbol{i}}{\mathbf{2}}}.$$

Au total, nous obtenons 3 solutions :

- $z_1 = \mathbf{8}$,
- $z_2 = \mathbf{2 - (2\sqrt{3})}\boldsymbol{i}$,
- $z_3 = \mathbf{2 + (2\sqrt{3})}\boldsymbol{i}$.

D

On considère le polynôme : $\rho(z) = z^3 - (3+4i)z^2 - 6(3-2i)z + 72i$.

1 Vérifier que $z_0 = 4i$ est solution de l'équation $\rho(z) = 0$.

2 Développez l'expression $(z - z_0)(az^2 + bz + c)$ (a).

3 Déterminez a, b, c tels que $\rho(z) = 0$.

4 En déduire les 2 autres solutions.

CORRECTION

1 Vérifions que $z_0 = 4i$ vérifie $\rho(z) = 0$:

$(4i)^3 - (3+4i)(4i)^2 - 6(3-2i)(4i) + 72i = (-64i) + (48+64i) + (-72i-48) + 72i.$

Donc, avec $z_0 = 4i$, $\rho(z) = 0$.

2 Développons l'expression (a) :

$$(z - z_0)(az^2 + bz + c) = az^3 + bz^2 + cz - az_0z^2 - bz_0z - cz_0$$

$$\Leftrightarrow (z - 4i)(az^2 + bz + c) = az^3 + (b - 4ia)z^2 + (c - 4ib)z - 4ic.$$

3 Déterminons a, b et c tels que $\rho(z) = 0$:

Par identification, nous avons :

$$\begin{cases} a = 1 \\ b - 4ia = -(3+4i) \\ c - 4ib = -6(3-2i) \\ -4ic = 72i \end{cases} \Rightarrow \begin{cases} a = 1 \\ b = -3 \\ c = -18 \end{cases}.$$

4 Déduisons-en les 2 autres solutions :

Nous pouvons écrire : $\rho(z) = (z - 4i)(z^2 - 3z - 18)$.

Soit l'équation : $z^2 - 3z - 18 = 0$.

$\Delta = 81 \Leftrightarrow \Delta = (9)^2$.

Doù deux nouvelles solutions :

$$\boxed{z' = 6, \quad z'' = -3}.$$

Au total, nous obtenons 3 solutions :

- $z_1 = 4i$
- $z_2 = 6$
- $z_3 = -3$

TRAINING 5

A

1 Soient A, B, C les points d'affixes respectives :

$z_A = 3 + 2i$, $z_B = -3$, $z_c = -1 - 3i$.

Le triangle *CAB* est-il rectangle isocèle ?

2 A présent : $z_A = -2i$, $z_B = -\sqrt{3} + i$, $z_C = \sqrt{3} + i$.

Quelle et la nature du triangle *ABC* ?

3 Enfin : $z_A = 1 + i$, $z_B = -1-3$, $z_C = 2 + 5i$ et $z_D = -2 - 3i$.

Les droites (AB) et (CD) sont-elles parallèles ?

CORRECTION

1 Le triangle *CAB* est-il rectangle isocèle ?

- **Calculons** : $\dfrac{z_B - z_C}{z_A - z_C}$.

$$\frac{z_B - z_C}{z_A - z_C} = \frac{-4 + 2i}{2 + 4i} \Leftrightarrow \frac{z_B - z_C}{z_A - z_C} = \frac{(-4 + 2i)(2 - 4i)}{(2 + 4i)(2 - 4i)} \Rightarrow \frac{z_B - z_C}{z_A - z_C} = \boldsymbol{i}.$$

- **Conclusion** : comme $\dfrac{z_B - z_C}{z_A - z_C}$ est imaginaire pur, nous pouvons affirmer que CAB est **un triangle rectangle isocèle en A**.

2 Déterminons la nature du triangle *ABC* :

- **Calculons** : $\dfrac{z_B - z_A}{z_C - z_A}$.

$$\frac{z_B - z_A}{z_C - z_A} = \frac{(-\sqrt{3} + 3i)(\sqrt{3} - 3i)}{12} \Rightarrow \frac{z_B - z_A}{z_C - z_A} = \frac{1}{2} + \frac{\sqrt{3}}{2}i.$$

- **Conclusion** : comme $\dfrac{z_B - z_A}{z_C - z_A} = \dfrac{1}{2} + \dfrac{\sqrt{3}}{2}i$; cad $\dfrac{z_B - z_A}{z_C - z_A} = e^{i\pi/3}$,

nous pouvons affirmer que le triangle ABC est **un triangle équilatéral direct**.

3 Les droites (AB) et (CD) sont-elles parallèles ?

- **Calculons** : $z_B - z_A$ **et** $z_D - z_C$.

$z_B - z_A = \mathbf{-2 - 4i}$ et $z_D - z_C = \mathbf{-4 - 8i}$.

- **Conclusion** : nous avons $z_D - z_C = 2 \times (z_B - z_A)$ et $2 \in \mathbb{R}$, par conséquent : **oui,** **(AB) et (CD) sont parallèles**.

B

1 Rappeler l'équation d'un cercle de centre $A(a, b)$ et de rayon R.

2 Rappeler l'équation d'un disque de centre $A(a, b)$ et de rayon R.

3 Déterminer les ensembles des points M d'affixe z tels que :

(a). $z' \in i\mathbb{R}$, avec $z' = \dfrac{z - i - 1}{z + 1}$,

(b). $|z - 2 - i| = 3$,

(c). $|\bar{z} + i| \leq 2$.

CORRECTION

1 L'équation d'un cercle de centre $A(a, b)$ et de rayon R :

Elle s'écrit : $(x - a)^2 + (y - b)^2 = R^2$.

2 L'équation d'un disque de centre $A(a, b)$ et de rayon R :

Elle s'écrit : $(x - a)^2 + (y - b)^2 \leq R^2$.

3 ⓐ. Déterminons l'ensemble des points $M(z)/z' \in i\mathbb{R}$:

- **Calculons** : z', **avec** $z = x + iy$ **et** $z \neq -1$.

$$z' = \frac{x + iy - i - 1}{x + iy + 1} \Leftrightarrow z' = \frac{(x - 1) + i(y - 1)}{(x + 1) + i(y)} \quad (1)$$

$$(1) \Rightarrow z' = \frac{(x^2 + y^2 - y - 1)}{(x + 1)^2 + y^2} + i\,\frac{(2y - x - 1)}{(x + 1)^2 + y^2}.$$

- **Conclusion** : $z' \in i\mathbb{R}$ ssi : $\begin{cases} z \neq -1 \\ x^2 + y^2 - y - 1 = 0 \end{cases} \Leftrightarrow \begin{cases} z \neq -1 \\ x^2 + \left(y - \frac{1}{2}\right)^2 = \frac{3}{4} \end{cases}$.

Ainsi : l'ensemble des points $M(z)$ tel que $z' \in i\mathbb{R}$ est **le cercle de centre $A(0, 1/2)$ et de rayon $R = \sqrt{\frac{3}{4}}$, privé du point $B(-1)$**.

ⓑ. Déterminons l'ensemble des points $M(z)/|z - 2 - i| = 3$:

- **Calculons** : z **tel que :** $|z - 2 - i| = 3$ **et** $z = x + iy$.

$(|z - 2 - i| = 3) \Leftrightarrow |x + iy - 2 - i| = 3 \Leftrightarrow |(x - 2) + i(y - 1)| = 3 \quad (2)$

$(2) \Rightarrow (x - 2)^2 + (y - 1)^2 = (3)^2$.

- **Conclusion** : l'ensemble des points $M(z)$ tel que $|z - 2 - i| = 3$ est **le cercle de centre $A(2,1)$ et de rayon $R = 3$**.

ⓒ. Déterminons l'ensemble des points $M(z)/|\bar{z} + i| \leq 2$:

- **Calculons** : z **tel que** : $|\bar{z} + i| \leq 2$ **et** $z = x + iy$.

$|\bar{z} + i| \leq 2 \Leftrightarrow |(x - iy) + i| \leq 2 \Leftrightarrow |x + i(1 - y)| \leq 2 \quad (3)$

(3) $\Rightarrow x^2 + (1-y)^2 \leq (2)^2$ ou $x^2 + (y-1)^2 \leq (2)^2$.

- **Conclusion** : l'ensemble des points $M(z)$ tel que $|\bar{z} + i| \leq 2$ est **le disque fermé de centre $A(0,1)$ et de rayon $R = 2$**.

C

Déterminer les ensembles suivants : $(z = x + iy)$

1 $E_1 = \left\{M(z)/\left(\frac{z-i-1}{z+1} \in R\right)\right\}$.

2 $E_2 = \left\{M(z)/\left(\frac{z-i-1}{z+1} \in iR_-^*\right)\right\}$.

3 $E_3 = \left\{M(z)/\left(\frac{z-i-1}{z+1} \in R_+^*\right)\right\}$.

4 $E_4 = \left\{M(z)/\left(\frac{z-i-1}{z+1} \in R_-^*\right)\right\}$.

5 $E_5 = \{M(z)/|z-2-i| = |z+3+4i|\}$.

6 $E_6 = \{M(z)/|\bar{z}-2i| = |z+2|\}$.

CORRECTION

1 Déterminons E_1 :

- $\frac{z-i-1}{z+1} = \frac{(x^2+y^2-y-1)}{(x+2)^2+y^2} + i\frac{(2y-x-1)}{(x+2)^2+y^2}$, avec $z \neq -1$.

Donc $\dfrac{z-i-1}{z+1} \in \mathbb{R}$ ssi : $\begin{cases} z \neq -1 \\ 2y - x - 1 = 0 \end{cases} \Rightarrow \boxed{\begin{cases} z \neq -1 \\ y = \dfrac{1}{2}x + \dfrac{1}{2} \end{cases}}$.

- **D'où E_1 est la droite d'équation : $y = \dfrac{1}{2}x + \dfrac{1}{2}$ privée de $A(-1)$.**

2 Déterminons E_2 :

- $\dfrac{z-i-1}{z+1} \in i\mathbb{R}_-^*$ ssi : $\begin{cases} z \neq -1 \\ x^2 + y^2 - y - 1 = 0 \\ 2y - x - 1 < 0 \end{cases} \Rightarrow \boxed{\begin{cases} z \neq -1 \\ x^2 + \left(y - \dfrac{1}{2}\right)^2 = \dfrac{3}{4} \\ y < \dfrac{1}{2}x + \dfrac{1}{2} \end{cases}}$.

- **D'où E_2 est le demi-cercle de centre $A\left(0, \dfrac{1}{2}\right)$ et de rayon $R = \sqrt{\dfrac{3}{4}}$ situé sous la droite d'équation : $y = \dfrac{1}{2}x + \dfrac{1}{2}$.**

3 Déterminons E_3 :

- $\dfrac{z-i-1}{z+1} \in \mathbb{R}_+^*$ ssi : $\begin{cases} z \neq -1 \\ x^2 + y^2 - y - 1 > 0 \\ 2y - x - 1 = 0 \end{cases} \Rightarrow \boxed{\begin{cases} z \neq -1 \\ x^2 + \left(\dfrac{x+1}{2} - \dfrac{1}{2}\right)^2 > \dfrac{3}{4} \\ y = \dfrac{1}{2}x + \dfrac{1}{2} \end{cases}}$.

D'où nous avons : $\begin{cases} z \neq -1 \\ \dfrac{3x^2}{4} > \dfrac{3}{4} \\ y = \dfrac{1}{2}x + \dfrac{1}{2} \end{cases} \Leftrightarrow \begin{cases} z \neq -1 \\ x^2 > 1 \\ y = \dfrac{1}{2}x + \dfrac{1}{2} \end{cases} \Rightarrow \boxed{\begin{cases} z \neq -1 \\ x > 1 \text{ ou } x < -1 \\ y = \dfrac{1}{2}x + \dfrac{1}{2} \end{cases}}$.

- **D'où $E_3 = \left\{ (x, y) \in \mathbb{R}^2 \text{ avec } \begin{cases} x + iy \neq -1 \\ x > 1 \text{ ou } x < -1 \\ y = \dfrac{1}{2}x + \dfrac{1}{2} \end{cases} \right\}$.**

4 Déterminons E_4 :

- $\frac{z-i-1}{z+1} \in \mathbb{R}_-^*$ ssi : $\begin{cases} z \neq -1 \\ x^2+y^2-y-1<0 \\ 2y-x-1=0 \end{cases} \Leftrightarrow \begin{cases} z \neq -1 \\ x^2<1 \\ y=\frac{1}{2}x+\frac{1}{2} \end{cases} \Rightarrow \boxed{\begin{cases} z \neq -1 \\ x \in]-1,1[\\ y=\frac{1}{2}x+\frac{1}{2} \end{cases}}$.

- **D'où** $E_4 = \left\{ (x,y) \in \mathbb{R}^2 \text{ avec : } \begin{cases} z \neq -1 \\ x \in]-1,1[\\ y=\frac{1}{2}x+\frac{1}{2} \end{cases} \right\}$.

5 Déterminons E_5 :

- $|z-2-i| = |z+3+4i| \Leftrightarrow |(x-2)+i(y-1)| = |(x+3)+i(y+4)|$ (1)

(1) $\Leftrightarrow (x-2)^2+(y-1)^2 = (x+3)^2+(y+4)^2 \Rightarrow \boxed{y=-x+2}$.

- **D'où E_5 correspond à l'ensemble des points M situés sur la droite d'équation :**

$$y = -x+2.$$

OU : **E_5 correspond à l'ensemble des points M situés sur la médiatrice du segment $[AB]$, avec $A(2+i)$ et $B(-3-4i)$.**

6 Déterminons E_6 :

- $|\bar{z}-2i| = |z+2| \Leftrightarrow |(x)+i(-y-2)| = |(x+2)+i(y)|$ (2)

(2) $\Leftrightarrow x^2+(y+2)^2 = (x+2)^2+y^2 \Rightarrow \boxed{y=x}$.

- **D'où E_6 correspond à l'ensemble des points M situés sur la droite d'équation :**

$$y = x.$$

OU : **E_6 correspond à l'ensemble des points M situés sur la médiatrice du segment $[AB]$, avec $A(-2i)$ et $B(-2)$.**

INTÉRROS LYCÉES

INTERRO. 1

1 **Calculer les racines cubiques de :** $u = -1$.

2 **Montrer que :** $\forall \theta \in \mathbb{R}$, $\cos\theta = \dfrac{e^{i\theta} + e^{-i\theta}}{2}$ (1) **et** $\sin\theta = \dfrac{e^{i\theta} - e^{-i\theta}}{2i}$ (2).

3 **Résoudre dans $\mathbb{C}$ l'équation :** $z^2 + z - 4i = 0$.

CORRECTION

1 **Calculons les racines cubiques de** $u = -1$:

Il s'agit de déterminer z tel que $z^3 = -1$.

Sous forme trigonométrique $z = [\rho, \theta]$, ρ étant le module de z et θ son argument.

Or le module de u est : $\alpha = 1$.

Dans ces conditions : $u = 1(\cos\beta + i\sin\beta)$.

D'où nous avons le système suivant :

$$\begin{cases} -1 = \cos\beta \\ 0 = \sin\beta \end{cases} \Leftrightarrow \begin{cases} \cos\beta = -1 \\ \sin\beta = 0 \end{cases} \Rightarrow \boldsymbol{\beta = \pi + 2k\pi, k \in \mathbb{Z}}.$$

Par conséquent : $\boldsymbol{u = [1, \pi] = 1(\cos(\pi) + i\sin(\pi)) = e^{i\pi}}$.

Au total : $z^3 = -1 \Leftrightarrow [\rho, \theta]^3 = [1, \pi]$,

$$z^3 = -1 \Leftrightarrow [\rho^3, 3\theta] = [1, \pi],$$

$$z^3 = -1 \Leftrightarrow \begin{cases} \rho^3 = 1 \\ 3\theta = \pi + 2k\pi, k \in \mathbb{Z}. \end{cases}$$

Au total : $\boxed{z^3 = -1 \Rightarrow \begin{cases} \rho = 1 \\ \theta = \frac{\pi}{3} + \frac{2k\pi}{3}, k \in \mathbb{Z} \end{cases}}$.

En définitive, les trois solutions sont :

$$\boxed{\begin{array}{l} \bullet (k = 0): z_1 = \left[1, \frac{\pi}{3}\right] \Leftrightarrow z_1 = 1\left(\cos\left(\frac{\pi}{3}\right) + i\sin\left(\frac{\pi}{3}\right)\right) \Leftrightarrow z_1 = e^{i\frac{\pi}{3}}, \\ \bullet (k = 1): z_2 = [1, \pi] \Leftrightarrow z_2 = 1(\cos\pi + i\sin\pi) \Leftrightarrow z_2 = e^{i\pi}, \\ \bullet (k = 2): z_3 = \left[1, \frac{5\pi}{3}\right] \Leftrightarrow z_3 = 1\left(\cos\left(\frac{5\pi}{3}\right) + i\sin\left(\frac{5\pi}{3}\right)\right) \Leftrightarrow z_3 = e^{i\frac{5\pi}{3}} \end{array}}.$$

2 ⓐ. **Montrons (1)** :

$$\frac{e^{i\theta} + e^{-i\theta}}{2} = \frac{1}{2}(\cos\theta + i\sin\theta + \cos(-\theta) + i\sin(-\theta))$$

$$= \frac{1}{2}(\cos\theta + i\sin\theta + \cos\theta - i\sin\theta)$$

$$= \frac{1}{2}(2\cos\theta) \Rightarrow \boxed{\frac{e^{i\theta} + e^{-i\theta}}{2} = \cos\theta}.$$

ⓑ. **Montrons (2)** :

$$\frac{e^{i\theta} - e^{-i\theta}}{2i} = \frac{1}{2i}(\cos\theta + i\sin\theta - \cos(-\theta) - i\sin(-\theta))$$

$$= \frac{1}{2i}(\cos\theta + i\sin\theta - \cos\theta + i\sin\theta)$$

$$= \frac{1}{2i}(2i\sin\theta) \Rightarrow \boxed{\frac{e^{i\theta} - e^{-i\theta}}{2i} = \sin\theta}.$$

3 **Résolvons l'équation $z^2 + z - 4i = 0$** :

Soit l'équation : $z^2 + z - 4i = 0$.

$\Delta = 1 + 16i$.

Il nous faut déterminer un nombre complexe $\alpha = a + ib$ tel que : $\alpha^2 = \Delta$.

$\alpha^2 = \Delta \Leftrightarrow (a+ib)^2 = \Delta \Leftrightarrow \mathbf{(a^2 - b^2) + i(2ab) = 1 + 16i}$.

De plus, $\alpha^2 = \Delta \Rightarrow |\alpha|^2 = |\Delta| \Leftrightarrow \mathbf{a^2 + b^2 = \sqrt{257}}$.

Par conséquent, nous obtenons le système :

$$\begin{cases} a^2 - b^2 = 1 \\ 2ab = 16 \\ a^2 + b^2 = \sqrt{257} \end{cases} \Leftrightarrow \begin{cases} a^2 - b^2 = 1 \\ a^2 + b^2 = \sqrt{257} \\ ab = 8 \end{cases} \Rightarrow \begin{cases} a = \pm\left(\dfrac{1+\sqrt{257}}{2}\right)^{1/2} \\ b = \pm\left(\dfrac{-1+\sqrt{257}}{2}\right)^{1/2} \\ ab > 0 \quad \text{(i)} \end{cases}.$$

Or l'inégalité (i) nous permet d'affirmer que a et b sont de même signe.

Au total : $\alpha' = \left(\dfrac{1+\sqrt{257}}{2}\right)^{1/2} + i\left(\dfrac{-1+\sqrt{257}}{2}\right)^{1/2}$

et : $\alpha'' = -\left(\dfrac{1+\sqrt{257}}{2}\right)^{1/2} - i\left(\dfrac{-1+\sqrt{257}}{2}\right)^{1/2}$.

Prenons α'.

En définitive, nous obtenons : $\boxed{z_1 = \dfrac{-1+\alpha'}{2} \text{ et } z_2 = \dfrac{-1-\alpha'}{2}}$.

INTERRO. 2

1 Simplifier l'expression $A = \cos^4 x - \sin^4 x$.

2 Résolver dans $\mathbb{C}$ les équations :

ⓐ. $\mathbf{z^2 - (1+3i)z - 6 + 9i = 0}$. (a)

ⓑ. $\mathbf{z^2 - 2(1 + 2\cos\theta)z + 5 + 4\cos\theta = 0}$. (b)

3 **On donne dans le plan complexe les points A, B et C d'affixes respectives :**

$$z_A = -2,\ z_B = 1 + i \text{ et } z_C = -1 - 3i.$$

Quelle est la nature du triangle ABC ?

CORRECTION

1 **Simplifions A :**

$A = \cos^4 x - \sin^4 x \Leftrightarrow A = (\cos^2 x - \sin^2 x)(\cos^2 x + \sin^2 x)$ (1)

(1) $\Leftrightarrow A = \cos^2 x - \sin^2 x \Rightarrow \boxed{A = \cos(2x)}$.

2 ⓐ. **Résolvons (a) :**

Soit l'équation : $z^2 - (1 + 3i)z - 6 + 9i = 0$.

$\Delta = (1 + 3i)^2 - 4(-6 + 9i) \Rightarrow \boldsymbol{\Delta = 16 - 30i}$.

Il nous faut déterminer un nombre complexe $\alpha = a + ib$ tel que : $\alpha^2 = \Delta$.

$\alpha^2 = \Delta \Leftrightarrow (a + ib)^2 = \Delta \Leftrightarrow \boldsymbol{(a^2 - b^2) + i(2ab) = 16 - 30i}$.

De plus, $\alpha^2 = \Delta \Rightarrow |\alpha|^2 = |\Delta| \Leftrightarrow \boldsymbol{a^2 + b^2 = 34}$.

Par conséquent, nous obtenons le système :

$$\begin{cases} a^2 - b^2 = 16 \\ 2ab = -30 \\ a^2 + b^2 = 34 \end{cases} \Leftrightarrow \begin{cases} a^2 - b^2 = 16 \\ a^2 + b^2 = 34 \\ ab = -15 \end{cases} \Rightarrow \begin{cases} a = \pm 5 \\ b = \pm 3 \\ ab < 0 \text{ (i)} \end{cases}.$$

Or l'inégalité (i) nous permet d'affirmer que a et b sont de signes contraires.

Au total : $\alpha' = 5 - 3i$, et : $\alpha'' = -5 + 3i$.

Prenons α'.

En définitive, nous obtenons : $z_1 = \dfrac{1+3i+5-3i}{2}$ et $z_2 = \dfrac{1+3i-5+3i}{2}$,

cad : $\boxed{z_1 = 3 \text{ et } z_2 = -2+3i}$.

ⓑ. **Résolvons (b)** :

Soit l'équation : $z^2 - 2(1+2\cos\theta)\,z + 5 + 4\cos\theta = 0$.

$\Delta = 4(1+2\cos\theta)^2 - 4(5+4\cos\theta) \Rightarrow \Delta = 16(\cos^2\theta - 1)$.

Or : $\cos^2\theta + \sin^2\theta = 1 \Rightarrow (\cos^2\theta) - 1 = -\sin^2\theta$.

Dans ces conditions : $\Delta = -16\sin^2\theta \Rightarrow \Delta = (4i\sin\theta)^2$.

D'où 2 solutions : $z_1 = \dfrac{2(1+2\cos\theta)+4i\sin\theta}{2}$ et $z_2 = \dfrac{2(1+2\cos\theta)-4i\sin\theta}{2}$,

cad : $\boxed{z_1 = (1+2\cos\theta)+2i\sin\theta \text{ et } z_2 = (1+2\cos\theta)-2i\sin\theta}$.

3 Déterminons la nature des triangles ABC :

- **Calculons** : $(z_B - z_A)/(z_C - z_A)$.

$$\frac{z_B - z_A}{z_C - z_A} = \frac{3+i}{1-3i} \Leftrightarrow \frac{z_B - z_A}{z_C - z_A} = \frac{(3+i)(1+3i)}{10} \Rightarrow \frac{z_B - z_A}{z_C - z_A} = i.$$

- **Conclusion** : **Comme $\dfrac{z_B - z_A}{z_C - z_A}$ est imaginaire pur, nous pouvons affirmer que le triangle ABC est un triangle rectangle isocèle en B.**

INTERRO. 3

1 Soit E l'ensemble des points M du plan complexe dont l'affixe z vérifie :

$$|z - (2-i)| = \sqrt{2}.$$

ⓐ. **Démontrer que $M \in E$ ssi : $AM = \sqrt{2}$, avec $A(2-i)$.**

ⓑ. **Déterminer l'ensemble E.**

2 **Dans le plan complexe, on considère les points A, B, C et D d'affixes respectives $z_A = 2i$, $z_B = i$, $z_C = -1+i$ et $z_D = 1+i$.**

A **Soit f l'application qui à tout point M d'affixe z, $z \neq z_B$, associe le point M' d'affixe z' telle que $z' = i\dfrac{(z-2i)}{(z-i)}$.**

ⓐ. **Développer la quantité $(z+1-i)(z-1-i)$.**

ⓑ. **Chercher les points M vérifiant $f(M) = M$, et exprimer leurs affixes sous forme algébrique puis trigonométrique.**

B **Démontrer que pour tout z différent de i : $z' - i = \dfrac{1}{z-i}$.**

3 **Linéariser $\cos^4(\theta)$.**

CORRECTION

1 ⓐ. **Démontrons que $M \in E$ ssi $AM = \sqrt{2}$:**

Soit A et M deux points tels que : $A(2-i)$ et $M(z_M)$.

Nous avons : $\overrightarrow{AM}(z_M - (2-i))$ ou $\overrightarrow{AM}(z_M - z_A)$ avec $z_A = 2-i$.

Or nous savons que la distance AB correspond à : $|z_B - z_A|$.

Donc ici : $AM = |z_M - z_A| \Rightarrow \boldsymbol{AM = |z_M - (2-i)|}$.

Ainsi : $M \in E$ ssi : $\boldsymbol{|z_M - (2-i)| = \sqrt{2} \Rightarrow AM = \sqrt{2}}$.

ⓑ. **Déterminons l'ensemble E :**

$|z-(2-i)| = \sqrt{2} \Leftrightarrow |(x-2)+i(y+1)| = \sqrt{2}$, avec $z = x+iy$.

Ainsi : $|z-(2-i)| = \sqrt{2}$ ssi $(x-2)^2+(y+1)^2 = (\sqrt{2})^2$.

Donc : ***E* correspond au cercle de centre $C(2,-1)$ et de rayon $R = \sqrt{2}$.**

2 Ⓐ. ⓐ. **Développons la quantité $(z+1-i)(z-1-i)$:**

$(z+1-i)(z-1-i) = \mathbf{z^2-2-2iz}$.

ⓑ. **Déterminons l'ensemble des points $M/f(M) = M$:**

Cela revient à déterminer l'ensemble des points invariants par la transformation f.

Un point M d'affixe $z(z \neq i)$ est invariant par f ssi : $z' = z$ cad $f(M) = M$.

$$z' = z \Leftrightarrow \frac{i(z-2i)}{(z-i)} = z \Leftrightarrow i(z-2i) = z(z-i) \quad (1)$$

$(1) \Leftrightarrow iz+2 = z^2-iz \Leftrightarrow z^2-2-2iz = 0$ (2).

Or, d'après la question ⓐ (2) $\Leftrightarrow (z+1-i)(z-1-i) = 0$ (3)

(3) $\Rightarrow (z-(-1+i))(z-(1+i)) = 0$.

Par conséquent, les points $I_1(-1+i)$ et $I_2(1+i)$ qui sont distincts de B sont les **deux points invariants par f.**

Nous remarquons qu'en fait : $I_1 = C$ et $I_2 = D$.

∗ Algébriquement, ils s'écrivent :

$$\boxed{z_C = -1+i \text{ et } z_D = 1+i}.$$

∗ Sous forme trigonométrique, ils s'écrivent :

- $z_C = \sqrt{2}\left(-\frac{\sqrt{2}}{2}+i\frac{\sqrt{2}}{2}\right) \Rightarrow \boxed{z_C = \sqrt{2}\, e^{i3\pi/4}}$.

- $z_D = \sqrt{2}\left(\frac{\sqrt{2}}{2}+i\frac{\sqrt{2}}{2}\right) \Rightarrow \boxed{z_D = \sqrt{2}\, e^{i\pi/4}}$.

Ⓑ. **Démontrons que pour tout $z \neq i$, $z' - i = \dfrac{1}{z - i}$:**

Pour tout $z \neq i$, $z' - i = i\dfrac{(z-2i)}{(z-i)} - i \Leftrightarrow z' - i = -i\,\dfrac{(z-i) + i(z-2i)}{(z-i)}$ (4)

(4) $\Leftrightarrow z' - i = \dfrac{-iz - 1 + iz + 2}{(z-i)} \Leftrightarrow \boxed{z' - i = \dfrac{1}{(z-i)}}$.

3 Linéarisons $\cos^4(\theta)$:

$$\cos^4(\theta) = \left(\frac{e^{i\theta} - e^{-i\theta}}{2}\right)^4 = \frac{e^{4i\theta} + 4e^{2i\theta} + 6 + 4e^{-2i\theta} + e^{-4i\theta}}{16} \quad (1)$$

$$(1) \Leftrightarrow \cos^4(\theta) = \frac{2\cos(4\theta) + 8\cos(2\theta) + 6}{16} \quad (2)$$

$$(2) \Rightarrow \boxed{\cos^4(\theta) = \frac{1}{8}\cos(4\theta) + \frac{1}{2}\cos(2\theta) + \frac{3}{8}}.$$

INTERRO. 4

1 Ⓐ. **Linéariser $\sin^3(\theta)$.**

Ⓑ. **Calculer $\cos(3\theta)$ en fonction de $\cos(\theta)$ et $\sin(3\theta)$ en fonction de $\sin(\theta)$.**

Ⓒ. **Démontrer que : $x^2 - 2x\cos(\theta) + 1 = (x - e^{i\theta})(x - e^{-i\theta})$ (a).**

2 Dans le plan muni d'un repère orthonormé direct $(O; \vec{e_1}, \vec{e_2})$, on considère le point $A(a)$ du cercle de centre O et de rayon 1 tel que $\arg(a) = \dfrac{\pi}{6}$ puis le point B du cercle de centre A et de rayon $\dfrac{1}{4}$ tel que $(\vec{e_1}; \overrightarrow{AB}) = \dfrac{\pi}{4}$.

Quelle est l'affixe b de B ?

3 **Le plan complexe est rapporté au repère orthonormal $(O; \vec{e_1}, \vec{e_2})$.**

Soient $A(2+2i)$, $B(2i)$ et $C(2)$ ainsi que le cercle C de centre A et de rayon 2.

La droite (OA) coupe le cercle C en deux points $H(z_H)$ et $K(z_K)$ $(OH < OK)$.

ⓐ. Calculer la longueur OA. En déduire les longueurs OK et OH.

ⓑ. Justifier que : $z_K = (2\sqrt{2}+2)e^{i\pi/4}$ et $z_H = (2\sqrt{2}-2)e^{i\pi/4}$ (b).

ⓒ. Soit f, qui à tout point M d'affixe $z \neq 0$ associe $M'(z')$ telle que : $z' = \dfrac{-4}{z}$.

ⓒ1. Déterminer $f(B)$ et $f(C)$.

ⓒ2. Déterminer les points invariants par f.

CORRECTION

1 **ⓐ. Linéarisons $\sin^3(\theta)$:**

$$\sin^3(\theta) = \left(\frac{e^{i\theta} - e^{-i\theta}}{2i}\right)^3 = \frac{e^{3i\theta} - 3e^{i\theta} + 3e^{-i\theta} - e^{-3i\theta}}{-8i} \quad (1)$$

$$(1) \Leftrightarrow \sin^3(\theta) = \frac{2i\sin(3\theta) - 6i\sin(\theta)}{-8i} \quad (2)$$

$$(2) \Rightarrow \boxed{\sin^3(\theta) = -\frac{1}{4}\sin(3\theta) + \frac{3}{4}\sin(\theta)}.$$

ⓑ. ⓑ1. Calculons $\cos(3\theta)$ en fonction de $\cos(\theta)$:

D'après la formule de **Moivre** :

$$(\cos(\theta) + i\sin(\theta))^3 = \cos(3\theta) + i\sin(3\theta).$$

En développant $(\cos(\theta) + i\sin(\theta))^3$, on trouve :

$$(\cos(\theta) + i\sin(\theta))^3 = \cos^3(\theta) + 3i\cos^2(\theta)\sin(\theta) - 3\cos(\theta)\sin^2(\theta) - i\sin^3(\theta).$$

Doù :

$(\cos(\theta) + i\sin(\theta))^3 = [\cos^3(\theta) - 3\cos(\theta)\sin^2(\theta)] + i\ [3\cos^2(\theta)\sin(\theta) - \sin^3(\theta)]$.

Par identification, nous avons :

$$\cos(3\theta) = \cos^3(\theta) - 3\cos(\theta)\sin^2(\theta) = \cos^3(\theta) - 3\cos(\theta)(1 - \cos^2(\theta))$$

$$\Rightarrow \boxed{\mathbf{\cos(3\theta) = 4\cos^3(\theta) - 3\cos(\theta)}}.$$

ⓑ2. **Calculons $\sin(3\theta)$ en fonction de $\sin(\theta)$** :

En utilisant les résultats précédents, par identification, nous avons :

$$\sin(3\theta) = 3\cos^2(\theta)\sin(\theta) - \sin^3(\theta) = 3(1 - \sin^2(\theta))\sin(\theta) - \sin^3(\theta)$$

$$\Rightarrow \boxed{\mathbf{\sin(3\theta) = -4\sin^3(\theta) + 3\sin(\theta)}}.$$

ⓒ. **Démontrons la relation (a)** :

Développons : $(x - e^{i\theta})(x - e^{-i\theta})$.

$(x - e^{i\theta})(x - e^{-i\theta}) = x^2 - xe^{-i\theta} - xe^{i\theta} + e^{i\theta - i\theta}$ (3)

(3) $\Leftrightarrow (x - e^{i\theta})(x - e^{-i\theta}) = x^2 - x(e^{-i\theta} + e^{i\theta}) + 1$ (4)

(4) $\Rightarrow \boxed{\mathbf{(x - e^{i\theta})(x - e^{-i\theta}) = x^2 - 2x\cos\theta + 1}}$ $\mathbf{(e^{-i\theta} + e^{i\theta} = 2x)}$.

2 Déterminons l'affixe b du point B :

D'après l'énoncé : $a = e^{i\pi/6}$.

De plus : $b = a + \frac{1}{4}e^{i\pi/4} \Leftrightarrow b = e^{i\pi/6} + \frac{1}{4}e^{i\pi/4}$.

Dans ces conditions : $b = \frac{\sqrt{3}}{2} + \frac{1}{2}i + \frac{\sqrt{2}}{8} + \frac{\sqrt{2}}{8}i \Rightarrow \boxed{\mathbf{b = \left(\frac{4\sqrt{3} + \sqrt{2}}{8}\right) + i\left(\frac{4 + \sqrt{2}}{8}\right)}}$.

En conclusion : $B\left(\left(\frac{4\sqrt{3}+\sqrt{2}}{8}\right)+i\left(\frac{4+\sqrt{2}}{8}\right)\right)$.

3 ⓐ. **Calculons la longueur OA et déduisons-en OK et OH** :

- La longueur OA nous est donnée par : $|z_A - z_O|$.

Or : $|z_A - z_O| = |2+2i| \Rightarrow |z_A - z_O| = 2\sqrt{2}$.

D'où : **longueur $OA = 2\sqrt{2}$**.

- Comme les points O, H, A et K sont alignés dans cet ordre et que le cercle a pour rayon 2, on en déduit que : **$OH = 2\sqrt{2}-2$ et $OK = 2\sqrt{2}+2$**.

ⓑ. **Justifions les égalités (b)** :

Une mesure de l'angle $(\vec{e_1}; \overrightarrow{OA})$ est $\pi/4$.

Les vecteurs $\overrightarrow{OK}$ et $\overrightarrow{OH}$ ne sont pas nuls.

Dans ces conditions : $(\vec{e_1}; \overrightarrow{OK}) = (\vec{e_1}; \overrightarrow{OH}) = (\vec{e_1}; \overrightarrow{OA}) = \frac{\pi}{4}[2\pi]$.

D'où : $\arg(z_K) = \arg(z_H) = \frac{\pi}{4}[2\pi]$.

De plus : $|z_K| = OK = 2\sqrt{2}+2$ et $|z_H| = OH = 2\sqrt{2}-2$.

Au total, nous avons bien : **$z_K = (2\sqrt{2}+2)e^{i\frac{\pi}{4}}$ et $z_H = (2\sqrt{2}-2)e^{i\frac{\pi}{4}}$**.

ⓒ. ⓒ1. **Déterminons $f(B)$ et $f(C)$** :

Soit B' et C' les images de B et C par f.

Donc : **$B'(z'_B)$ et $C'(z'_C)$ avec : $z'_B = -\frac{4}{z_B}$ et $z'_C = -\frac{4}{z_C} = -2$.**

ⓒ2. Déterminons les points invariants par f :

Un point M d'affixe $z(z \neq 0)$ est invariant par f ssi : $z' = z$ cad $f(M) = M$.

$z' = z \Leftrightarrow -\frac{4}{z} = z \Leftrightarrow z^2 = -4 \Rightarrow z = 2i$ ou $z = -2i$.

Par conséquent, les deux points invariants de f sont : $\boxed{\boldsymbol{B(2i)} \text{ et } \boldsymbol{D(-2i)}}$.

SUJETS BAC

SUJETS BAC 2014

SUJET 1 - FRANCE MÉTROPOLITAINE, JUIN 2014

Exercice 3.

On désigne par (E) l'équation : $z^4 + 4z^2 + 16 = 0$ d'inconnue complexe z.

1 ⓐ. Résoudre dans $\mathbb{C}$ l'équation : $Z^2 + 4Z + 16 = 0$.

ⓑ. Écrire les solutions de cette équation sous forme exponentielle.

2 On désigne par "a" le nombre complexe dont le module est égal à 2 et dont un argument est égal à $\pi/3$.

ⓐ. Calculer a^2 sous forme algébrique.

ⓑ. En déduire les solutions dans $\mathbb{C}$ de l'équation $a^2 = -2 + 2i\sqrt{3}$. On écrira les solutions sous forme algébrique.

3 **Restitution organisée de connaissances.**

On suppose connu le fait que pour tout nombre complexe $z = x + iy$ où $x \in \mathbb{R}$ et $y \in \mathbb{R}$, le conjugué de z est le nombre complexe $\bar{z}$ défini par : $\bar{z} = x - iy$.

Démontrer que :

ⓐ. Pour tous nombres complexe z_1 et z_2 :

$$\overline{z_1 z_2} = \overline{z_1} \times \overline{z_2}$$

ⓑ. Pour tout nombre complexe z et tout entier naturel non nul n, $\overline{z^n} = (\bar{z})^n$.

4 ⓐ. Démontrer que si z est une solution de l'équation (E) alors son conjugué $\bar{z}$ est également solution de (E).

ⓑ. En déduire les solutions dans $\mathbb{C}$ de l'équation (E). On admettra que (E) admet au plus quatre solutions.

CORRECTION

1 ⓐ. **Résolvons dans $\mathbb{C}$ l'équation $Z^2 + 4Z + 16 = 0$:**

$\Delta = -48 \Rightarrow \Delta = (4i\sqrt{3})^2$.

Comme $\Delta < 0$, nous sommes en présence de deux racines complexes.

- $Z_1 = \dfrac{-4 - 4i\sqrt{3}}{2} \Rightarrow \boxed{Z_1 = -2 - 2i\sqrt{3}}$,

- $Z_2 = \dfrac{-4 + 4i\sqrt{3}}{2} \Rightarrow \boxed{Z_2 = -2 + 2i\sqrt{3}}$.

ⓑ. **Écrivons Z_1 et Z_2 sous forme exponentielle** :

ⓑ1. **En ce qui concerne Z_1** :

- Le module de Z_1 est : $r_1 = 4$.

- Soit θ_1, l'argument de Z_1, $Z_1 = 4(\cos\theta_1 + i\sin\theta_1) = 4\left(-\frac{1}{2} - \frac{i\sqrt{3}}{2}\right)$.

D'où, par identification nous avons :

$$\begin{cases} \cos\theta_1 = -\dfrac{1}{2} \\ \sin\theta_1 = -\dfrac{\sqrt{3}}{2} \end{cases} \Rightarrow \theta_1 = -\frac{2\pi}{3} + 2k\pi, k \in \mathbb{Z}.$$

Sous forme exponentielle Z_1 s'écrit alors : $\boxed{Z_1 = 4e^{\frac{-i2\pi}{3}}}$.

ⓑ2. **En ce qui concerne Z_2** :

- Le module de Z_2 est : $r_2 = 4$.

- Soit θ_2, l'argument de Z_2, $Z_2 = 4(\cos\theta_2 + i\sin\theta_2) = 4\left(-\frac{1}{2} + \frac{i\sqrt{3}}{2}\right)$.

D'où, par identification nous avons :

$$\begin{cases} \cos\theta_2 = -\frac{1}{2} \\ \sin\theta_2 = \frac{\sqrt{3}}{2} \end{cases} \Rightarrow \theta_2 = \frac{2\pi}{3} + 2k\pi,\ k \in \mathbb{Z}.$$

Sous forme exponentielle Z_2 s'écrit alors : $\boxed{\boldsymbol{Z_2 = 4e^{\frac{i2\pi}{3}}}}$.

2 ⓐ. **Calculons a^2 sous forme algébrique** :

$$a^2 = \left(2\left(\cos\frac{\pi}{3} + i\sin\frac{\pi}{3}\right)\right)^2 \quad (1).$$

$$(1) \Leftrightarrow a^2 = 4\left(\cos\left(\frac{2\pi}{3}\right) + i\sin\left(\frac{2\pi}{3}\right)\right)$$, d'après **MOIVRE**.

Ainsi : $\boxed{\boldsymbol{a^2 = Z_2 = -2 + 2i\sqrt{3}}}$.

ⓑ. **Déduisons-en les solutions dans $\mathbb{C}$ de l'équation $z^2 = -2 + 2i\sqrt{3}$** :

D'après la question précédente : $Z_2 = -2 + 2i\sqrt{3} = a^2$.

D'où : $z^2 = -2 + 2i\sqrt{3} \Leftrightarrow z^2 = a^2$.

$$z^2 = a^2 \Leftrightarrow z^2 - a^2 = 0 \Rightarrow (z-a)(z+a) = 0.$$

D'où deux solutions : $\boxed{\boldsymbol{z' = a \quad \text{et} \quad z'' = -a}}$.

Sous forme algébrique, nous avons :

- $z' = 2\left(\cos\left(\frac{\pi}{3}\right) + i\sin\left(\frac{\pi}{3}\right)\right) \Rightarrow \boxed{\boldsymbol{z' = 1 + i\sqrt{3}}}$.
- $z'' = -2\left(\cos\left(\frac{\pi}{3}\right) + i\sin\left(\frac{\pi}{3}\right)\right) \Rightarrow \boxed{\boldsymbol{z'' = -1 - i\sqrt{3}}}$.

3 ⓐ. **Montrons que :** $\overline{z_1 z_2} = \overline{z_1}\ \overline{z_2}$:

Soient z_1 et z_2 deux nombres complexes tels que : $z_1 = x_1 + iy_1$ et $z_2 = x_2 + iy_2$.

Dans ces conditions :

$$\begin{aligned} z_1 \times z_2 &= (x_1 + iy_1) \times (x_2 + iy_2) \\ &= x_1 \times x_2 + x_1 \times iy_2 + iy_1 \times x_2 + iy_1 \times iy_2 \\ &= x_1 \times x_2 + i^2 \times y_1 \times y_2 + i(x_1 \times y_2 + y_1 \times x_2) \\ &= x_1 \times x_2 - y_1 \times y_2 + i(x_1 \times y_2 + y_1 \times x_2). \end{aligned}$$

Et donc : $\overline{z_1 \times z_2} = (x_1 \times x_2 - y_1 \times y_2) - i(x_1 \times y_2 + y_1 \times x_2)$.

Or, $\overline{z_1} \times \overline{z_2} = (x_1 - iy_1) \times (x_2 - iy_2)$

$$\begin{aligned} &= x_1 \times x_2 - x_1 \times iy_2 - iy_1 \times x_2 + (-iy_1) \times (-iy_2) \\ &= x_1 \times x_2 + i^2 \times y_1 \times y_2 - i \times x_1 \times y_2 - i \times y_1 \times x_2 \\ &= (x_1 \times x_2 - y_1 \times y_2) - i(x_1 \times y_2 + y_1 \times x_2). \end{aligned}$$

Ainsi, $\overline{z_1 \times z_2} = \overline{z_1} \times \overline{z_2}$.

ⓑ. **Montrons que :** $(\overline{z^n}) = (\bar{z})^n$:

Ayons recours à une démonstration par récurrence pour montrer cette égalité.

- **Initialisation :** $(\overline{z^1}) = (\bar{z})^1$, vraie ;
  $(\overline{z^2}) = (\bar{z})^2$???

Nous avons : $z^2 = (x + iy)(x + iy) = (x^2 - y^2) + 2ixy$.

D'où : $\overline{(z^2)} = (x^2 - y^2) - 2ixy$.

Parallèlement, $(\bar{z})^2 = (x - iy)(x - iy)$

$$= (x^2 - y^2) - 2ixy.$$

D'où : $(\bar{z})^2 = (x^2 - y^2) - 2ixy$.

Ainsi : $\overline{(z^2)} = (\bar{z})^2$, vraie.

▪ **Hérédité** : Supposons que pour tout entier naturel non nul n, $\overline{(z^n)} = (\bar{z})^n$ et montrons **qu'alors** : $\overline{(z^{n+1})} = (\bar{z})^{n+1}$.

Supposons : $\overline{(z^n)} = (\bar{z})^n$ (1)

$$(1) \Rightarrow \overline{(z^n)} \times \bar{z} = (\bar{z})^n \times \bar{z}$$

$$\Rightarrow \overline{(z^n)} \times \bar{z} = (\bar{z})^{n+1} \quad (2)$$

$(2) \Rightarrow \overline{(z^n \times z)} = (\bar{z})^{n+1}$ **(car** $\bar{z}_1\ \bar{z}_2 = \overline{(z_1 z_2)}$**)** (3)

$(3) \Rightarrow \overline{(z^{n+1})} \Rightarrow (\bar{z})^{n+1}$.

▪ **Conclusion** : $\forall n \in \mathbb{N}^*$, nous avons : $\boxed{\overline{(z^n)} = (\bar{z})^n}$.

4 ⓐ. **Montrons que si z est solution de (E) alors $\bar{z}$ l'est aussi** :

Si z est solution de (E), alors : $z^4 + 4z^2 + 16 = 0$.

Calculons à présent : $(\bar{z})^4 + 4(\bar{z})^2 + 16$.

$$(\bar{z})^4 + 4(\bar{z})^2 + 16 = \overline{(z^4)} + 4\overline{(z^2)} + 16$$

$$= (\overline{(z^4)} + 4\overline{(z^2)} + \overline{16}) \text{ (car } \overline{16} = 16\text{)} \quad (1).$$

D'où : (1) $\Leftrightarrow (\bar{z})^4 + 4(\bar{z})^2 + 16 = \overline{z^4 + 4z^2 + 16}$

$$= \bar{0}$$

$$= 0.$$

Donc si z est solution de (E), alors $\bar{z}$ l'est aussi.

ⓑ. **Déduisons-en les 4 solutions de (E) :**

D'après ⓐ, nous pouvons affirmer que les 4 solutions de (E) sont :

z', z'', $\bar{z}'$ et $\bar{z}''$, avec :

- $z' = 1 + i\sqrt{3}$
- $z'' = -1 - i\sqrt{3}$
- $\bar{z}' = 1 - i\sqrt{3}$
- $\bar{z}'' = -1 + i\sqrt{3}$.

SUJET 2 - Amérique du Nord, mai 2014

Correction impéccable et gratuite sur **: alainpiller.fr**

SUJET 3 - Antilles - Guyanne, juin 2014

Correction impéccable et gratuite sur **: alainpiller.fr**

SUJET 4 - Centres Etrangers, juin 2014

Correction impéccable et gratuite sur **: alainpiller.fr**

SUJET 5 - Liban, mai 2014

Correction impéccable et gratuite sur **: alainpiller.fr**

SUJET 6 - Polynésie, juin 2014

Correction impéccable et gratuite sur **: alainpiller.fr**

SUJET 7 - Inde, avril 2014

Correction impéccable et gratuite sur **: alainpiller.fr**

Achevé d'imprimer sur les presses
de CLOITRE Imprimeurs en janvier 2015
Dépôt légal N° 4329